Marco Schossig
Ultradünne, freitragende Lithiumtantalat-Elemente
für hochdetektive Infrarotsensoren

TUDpress

DRESDNER BEITRÄGE ZUR SENSORIK

Herausgegeben von
Gerald Gerlach

Band 44

Marco Schossig

Ultradünne, freitragende Lithiumtantalat-Elemente für hochdetektive Infrarotsensoren

TUDpress

2012

Die vorliegende Arbeit wurde am 1. September 2011 als Dissertation an der Fakultät Elektrotechnik und Informationstechnik der Technischen Universität Dresden eingereicht und am 18. Januar 2012 erfolgreich verteidigt.

Vorsitzender der Prüfungskommission:	Prof. Dr.-Ing. habil. Wolf-Joachim Fischer
Gutachter:	Prof. Dr.-Ing. habil. Gerald Gerlach
	Prof. Dr.-Ing. Thomas Elbel

Bibliografische Information der Deutschen Nationalbibliothek
Die Deutsche Nationalbibliothek verzeichnet diese Publikation in der Deutschen Nationalbibliografie; detaillierte bibliografische Daten sind im Internet über http://dnb.d-nb.de abrufbar.

Bibliographic information published by the Deutsche Nationalbibliothek
The Deutsche Nationalbibliothek lists this publication in the Deutsche Nationalbibliografie; detailed bibliographic data are available in the Internet at http://dnb.d-nb.de.

ISBN 978-3-942710-60-2

Verlag der Wissenschaften GmbH
Bergstr. 70 | D-01069 Dresden
Tel.: 0351/47 96 97 20 | Fax: 0351/47 96 08 19
http://www.tudpress.de

Gesetzt vom Autor.
Printed in Germany.

Für Kathleen, Philipp und Sophie

OPTIMISMUS ist seinem Wesen nach keine Ansicht über die gegenwärtige Situation, sondern er ist eine Lebenskraft, eine Kraft der Hoffnung, wo andere resignieren, eine Kraft, den Kopf hochzuhalten, wenn alles fehlzuschlagen scheint, eine Kraft, Rückschläge zu ertragen, eine Kraft, die die Zukunft niemals dem Gegner überlässt, sondern sie für sich in Anspruch nimmt.

Dietrich Bonhoeffer

Vorwort des Herausgebers

Infrarotstrahlung ist für viele technische Messaufgaben nutzbar, da mit ihr sowohl berührungslos die Temperatur und damit die Anwesenheit von Körpern als auch die Eigenschaften von Körpern selbst bis hin zum strukturellen Aufbau bestimmt werden können. Bemerkenswert ist, dass die Infrarotmesstechnik seit Jahren Wachstumsraten aufweist, die die der industriellen Entwicklung weit übersteigen. Dies ist insbesondere auf den Siegeszug der thermischen Infrarotsensoren zurückzuführen. Anders als Photonensensoren benötigen thermische Infrarotsensoren keine Kühlung und ermöglichen damit deutlich weniger aufwändige und preiswertere Infrarot-Messsysteme. Damit wurden viele neue Anwendungen vor allem auch im nichtmilitärischen Bereich möglich. Beispielsweise nutzt die Wärmebildtechnik (Thermografie) überwiegend thermisch arbeitende Mikrobolometerarrays als Infrarot-Bildsensoren.

Pyroelektrische Sensoren gehören zu dieser Klasse der thermischen Sensoren und haben ein breites Anwendungsspektrum gefunden. Sie bestimmen den Markt für Infrarot-Bewegungsmelder und weisen wegen ihrer hohen Detektivität ein großes Anwendungspotenzial für hochgenaue ungekühlte Sensoren auf.

Diese Arbeit hat sich nun die Aufgabe gestellt, die Grenzen der Detektivität solcher pyroelektrischer Infrarotdetektoren auszuloten. Prinzipiell wird die Detektivität theoretisch durch das Strahlungsrauschen begrenzt. Praktische Sensoren zeigen aber Detektivitätswerte, die um Größenordnungen kleiner als die theoretisch möglichen sind. Diese Arbeit untersucht detailliert alle Parameter, die zu einer Erhöhung der Empfindlichkeit und zu einer Reduktion der Rauscheinflüsse führen, um möglichst weit an die theoretische Detektivitätsgrenze zu kommen. Im Ergebnis der Arbeit gelingt es, Lithiumtantalat-basierte Infrarotsensoren mit der höchsten bisher jemals erreichten Detektivität zu schaffen.

In diesem Sinne ermöglicht die Arbeit, die Genauigkeit pyroelektrischer Detektoren weiter zu verbessern und damit deren Anwendungsbereich zu erweitern. Ich wünsche ihr deshalb, dass sie in der Fachwelt die ihr zukommende Aufmerksamkeit erhält.

Dresden, im Januar 2012 Gerald Gerlach

Vorwort des Autors

Die vorliegende Arbeit entstand während meiner Zeit als Stipendiat des DFG-Graduiertenkollegs „Nano- und Biotechniken für das Packaging elektronischer Systeme“ und als Mitarbeiter des Instituts für Festkörperelektronik (IFE) der Technischen Universität Dresden. Sie setzt die am IFE entstandenen Arbeiten zu pyroelektrischen Infrarotsensoren und Absorptionsschichten für Infrarotstrahlung fort und geht auf die Anforderungen ein, mit denen das thermische Auflösungsvermögen pyroelektrischer Sensoren auf der Basis von Lithiumtantalat in den Bereich der Auflösungsgrenze gebracht werden kann. Neben den technologischen Herausforderungen zur Herstellung dieser höchstdetektiven Infrarotsensoren wurden im Verlauf der Arbeit vor allem materialwissenschaftliche Aspekte hinsichtlich der Entwicklung geeigneter Absorptionsschichten untersucht. Die resultierende komplexe und interdisziplinäre Thematik konnte nur mit der Kompetenz und Mithilfe vieler Kollegen und Freunde bewältigt werden, denen ich an dieser Stelle herzlich danken möchte. Mein besonderer Dank gilt

- meinem Doktorvater Herrn Prof. Dr.-Ing. habil. Gerald Gerlach für seine kontinuierliche Unterstützung und Förderung meiner Arbeit,
- Herrn Prof. Dr.-Ing. Thomas Elbel für die Übernahme der Betreuung und die anregenden Diskussionen,
- allen Mitarbeitern des Instituts für Festkörperelektronik für die vielen anregenden Diskussionen und die Unterstützung bei vielen theoretischen und praktischen Arbeiten, insbesondere Herrn Dr.-Ing. Volkmar Norkus, Herrn Dipl.-Ing. Siegfried Kostka und Frau Ulrike Lehmann für ihre Unterstützung bei allen technologischen Problemen,
- allen Mitgliedern des Graduiertenkollegs für die vielen wissenschaftlichen Diskussionen, den Erfahrungsaustausch und die sehr gute Zusammenarbeit, insbesondere Herrn Dipl.-Ing. Mathias Lakatos für die Synthese der Gold-Nanostäbchen,
- Frau Dr. rer. nat. Alena Movchikova für die Durchführung der Temperaturleitfähigkeitsmessungen,
- der Deutschen Forschungsgemeinschaft (DFG) für die finanzielle Unterstützung der Arbeit sowie
- meiner Familie und meinen Freunden für Ihre Geduld, Motivation und Unterstützung.

Dresden, im Januar 2012 | Marco Schossig

Abstract

Thermal infrared detectors are of great importance for numerous applications, particularly the contact-free temperature measuring technology (pyrometry), the thermography, and the infrared spectroscopy, because they need not to be cooled as in contrast to photon detectors. For this reason, they are comparatively small and can be fabricated at low costs. Pyroelectric detectors have become one of the most important thermal infrared detector because of their high thermal resolution. They feature a huge application potential for uncooled high-performance infrared detectors. Unfortunately, the thermal resolution of commercially available pyroelectric detectors is more than one order of magnitude lower than the theoretical limit that is defined by the temperature fluctuation noise due to radiative heat exchange.

This work investigates the possibilities to bring the thermal resolution of pyroelectric detectors based on lithium tantalate ($LiTaO_3$) close to the theoretical limit in detail. $LiTaO_3$ has become the first-choice sensor material because of its excellent sensor specific material properties, the very low temperature dependency of the sensor parameters as well as the excellent long-term stability and reproducibility of the detector characteristics. The thermal resolution of pyroelectric detectors depends on the signal-to-noise ratio and can be increased by reducing the thickness of the responsive element. Moreover, an excellent thermal isolation of the responsive element is necessary which, therefore, has to be realised as a self-supporting construction. As a result of this work, ultrathin self-supporting $LiTaO_3$-elements were fabricated out of a single crystal with a minimum thickness of about 400 nm.

In order to achieve a high absorptivity for the incident infrared radiation, an additional absorption layer has to be applied onto the responsive element. Thereby, the absorbers heat capacity must be lower than that of the responsive element to achieve a maximum temperature change within the responsive element. State-of-the-art infrared absorption layers can not be used in these ultrathin $LiTaO_3$ sensor elements because of their high heat capacity. By using techniques of the nanotechnology a novel infrared absorber structure was developed und investigated showing high absorption at low film thicknesses.

Finally, pyroelectric single-element detectors were fabricated having the highest thermal resolution reached so far. A maximum specific detectivity of $8 \cdot 10^9$ cm Hz$^{1/2}$ W^{-1} could be measured which corresponds to half of the theoretical limit at room temperature. Thus, this work helps to improve the performance of pyroelectric detectors and to expand their fields of application.

Inhaltsverzeichnis

Symbolverzeichnis

a ... Temperaturleitfähigkeit, Beschleunigung
c_0 ... Lichtgeschwindigkeit im Vakuum
c_P ... spezifische Wärmekapazität
c'_A ... volumenspezifische Wärmekapazität der Absorptionsschicht
c'_P ... volumenspezifische Wärmekapazität des Pyroelektrikums
d ... Schichtdicke
d_A ... Dicke der Absorptionsschicht
d_{Chip} ... Dicke des Sensorchips
d_M ... piezoelektrische Materialkonstante
d_P ... Sensorelementdicke
e ... Elementarladung
f ... (Modulations-) Frequenz
f_g ... Grenzfrequenz
g ... Erdbeschleunigung
g_{fs} ... Kanalleitwert
h ... PLANCKsches Wirkungsquantum
i ... Zählindex
i_P ... pyroelektrischer Strom
i_R ... (Gesamt-) Rauschstrom
i_{Rx} ... Anteil x des Rauschstroms
j ... imaginäre Einheit
k_B ... BOLTZMANN-Konstante
l ... Länge
n ... Brechungsindex
p ... pyroelektrischer Koeffizient
$\hat{q}_V$ ... Wärmeleistung pro Volumenelement
r ... Radius
r_P ... Wechselstromwiderstand des Sensorelementes
t ... Zeit
t_m ... Messzeit
$\tan\delta$ ... dielektrischer Verlustfaktor
$\tan\delta_i$ ... intrinsischer dielektrischer Verlust
$\tan\delta_R$ ... dielektrischer Verlust durch den Kontaktwiderstand
$\tan\delta_T$ ... dielektrischer Verlust durch Wärmeaustausch mit der Umgebung
u_R ... (Gesamt-) Rauschspannung
u_{Rx} ... Anteil x der Rauschspannung
u_{Rn} ... normierte (Gesamt-) Rauschspannung
u_{Rnx} ... Anteil x der normierten Rauschspannung

u_S ... Signalspannung, Sensorausgangsspannung
u_{SB} ... Sensorausgangsspannung bei Beschleunigungsanregung, piezoelektrische Spannung
v ... Verstärkung
x ... Koordinatenrichtung, Zählindex
y ... Koordinatenrichtung
z ... Koordinatenrichtung

A_D ... Detektorfläche, strahlungsempfindliche Fläche
A_i, A'_i ... Konstanten
A_q ... Querschnittsfläche
AV ... Aspektverhältnis
B ... elektrische Bandbreite
B_i, B'_i ... Konstanten
C ... elektrische Kapazität
C_{eV} ... Eingangskapazität des Vorverstärkers
C_{GK} ... Gegenkopplungskapazität
C_i ... Konstanten
C_P ... Sensorelementkapazität
C'_1, C'_{1x} ... Konstanten
D ... elektrische Flussdichte, Detektivität
D_i ... Konstanten
D' ... normierte Detektivität
D'_D ... durch Verlustfaktorrauschen begrenzte normierte Detektivität
D'_I ... durch Stromrauschen begrenzte normierte Detektivität
D'_{Limit} ... Grenzwert der normierten Detektivität
D'_T ... durch Temperaturrauschen begrenzte normierte Detektivität
D'_{T_S} ... durch Strahlungsrauschen begrenzte normierte Detektivität
D'_U ... durch Spannungsrauschen begrenzte normierte Detektivität
D'_W ... durch Widerstandsrauschen begrenzte normierte Detektivität
D'_x ... Anteil x der normierten Detektivität
D^* ... spezifische Detektivität
D^*_{Limit} ... Grenzwert der spezifischen Detektivität
E ... elektrische Feldstärke
F ... Kraft
G_{FE} ... thermischer Leitwert der Frontelektrode
G_{FEV} ... thermischer Leitwert der Frontelektrodenverstärkung
G_{Gas} ... thermischer Leitwert der Wärmeleitung über das Gas
G_{Lat} ... thermischer Leitwert der lateralen Wärmeleitung
G_{RE} ... thermischer Leitwert der Rückelektrode
G_{REV} ... thermischer Leitwert der Rückelektrodenverstärkung
G_S ... Strahlungsleitwert
G_{th} ... thermischer Gesamtleitwert, Gesamtwärmeleitwert

G_x ... Anteil x des thermischen Gesamtleitwertes
H_A ... Wärmekapazität der Absorptionsschicht
H_P ... Wärmekapazität des Sensorelementes
I_0 ... modifizierte BESSEL-Funktion erster Gattung (0. Ordnung)
I_1 ... modifizierte BESSEL-Funktion erster Gattung (1. Ordnung)
I_G ... Gatestrom
K_0 ... modifizierte BESSEL-Funktion zweiter Gattung (0. Ordnung)
K_1 ... modifizierte BESSEL-Funktion zweiter Gattung (1. Ordnung)
M_D ... sensorspezifische Materialkenngröße des D'_D-Anteils
M_I ... sensorspezifische Materialkenngröße des D'_I-Anteils
M_U ... sensorspezifische Materialkenngröße des D'_U-Anteils
M_W ... sensorspezifische Materialkenngröße des D'_W-Anteils
M_x ... sensorspezifische Materialkenngröße x
M_λ ... spektrale spezifische Ausstrahlung
$M_{\lambda S}$ ... spektrale spezifische Ausstrahlung des Schwarzen Strahlers
NEP ... Noise Equivalent Power (rauschäquivalente Strahlungsleistung)
P ... Porosität
P_S ... spontane Polarisation
Q ... elektrische Ladung
ΔQ ... Ladungsänderung
R ... elektrischer Widerstand
R_{eV} ... Eingangswiderstand des Vorverstärkers
R_G ... Gleichstromwiderstand
R_{GK} ... Gegenkopplungswiderstand
R_K ... Kontaktwiderstand
R_P ... Gleichstromwiderstand des Sensorelementes
R_V ... Strahlungsempfindlichkeit
$R_{V\lambda}$ ... spektrale Empfindlichkeit
R_{VB} ... Beschleunigungsempfindlichkeit
T ... Temperatur
T_C ... CURIE-Temperatur
T_M ... mechanische Spannung
ΔT_P ... Temperaturänderung im Pyroelektrikum
U_B ... Betriebsspannung
V_1 ... Konstante
W_i ... Konstanten

α ... (spektraler) Absorptionsgrad
α_B ... Bandabsorptionsgrad
α_S ... Absorptionsgrad des Sensorelementes
γ ... Faktor
δ ... Verlustwinkel
ϵ_S ... Emissionsgrad des Sensorelementes
ε_0 ... Permittivität des Vakuums

ε_P ... relative Permittivität des Pyroelektrikums
θ ... Choppermodulationsfunktion, Abscheidewinkel
Θ ... Einfallswinkel
λ ... Wellenlänge, Wärmeleitfähigkeit
Λ ... Strukturperiode
μ ... Teilfunktionen
ρ ... (spektraler) Reflexionsgrad
ρ_P ... spezifischer Widerstand des Pyroelektrikums
ϱ_P ... Dichte des Pyroelektrikums
σ ... STEFAN-BOLTZMANN-Konstante
τ ... (spektraler) Transmissionsgrad
τ_{el} ... elektrische Zeitkonstante
τ_F ... Transmissionsgrad des Eintrittsfensters
τ_{th} ... thermische Zeitkonstante
φ_S ... Winkel der Stegbreite
Φ ... Strahlungsfluss
Φ_{Ch} ... Chopperreferenzstrahlungsfluss
Φ_{Obj} ... Objektstrahlungsfluss
$\Delta\Phi_S$ ... Strahlungsfluss am Detektor
ω ... (Modulations-) Kreisfrequenz
ω_G ... Grenzmodulationskreisfrequenz

∇^2 ... LAPLACE-Operator

Indizes

bulk ... Volumenmaterial
D ... Detektor, Verlustfaktorrauschen
dif ... diffus
eff ... effektiv
FE ... Frontelektrode
FEV ... Frontelektrodenverstärkung
g ... Grenz-
G ... Gleichstrom
G1 ... Gasschicht 1
G2 ... Gasschicht 2
Gas ... Gas
ger ... gerichtet
i ... Zählindex, intrinsisch
I ... Stromrauschen
Lat ... lateral
Limit ... Limit, Grenzwert
Luft ... Luft

m	...	mittlere
max	...	maximal
min	...	minimal
n	...	normiert
P	...	Pyroelektrikum
R	...	(Kontakt-) Widerstand, Rausch-
RE	...	Rückelektrode
rel	...	relativ
REV	...	Rückelektrodenverstärkung
S	...	Sensorelement, Strahlung, Signal-
Steg	...	Steg
T	...	Temperaturrauschen
th	...	thermisch
U	...	Spannungsrauschen
W	...	Widerstandsrauschen

Symbolik

a	...	Formelzeichen, Symbol
$\bar{a}$	...	Mittelwert
$\tilde{a}$	...	Effektivwert
$\hat{a}$	...	Amplitude
$\underline{a}$	...	komplexer Wert
Δa	...	Änderung des Wertes
$\mathrm{d}a$	...	differentielle Änderung

Abkürzungsverzeichnis

A	...	(Sensor-) Ausgang
AFM	...	Rasterkraftmikroskop (atomic force microscope)
CLT	...	kongruentes Lithiumtantalat
CMP	...	chemisch-mechanische Politur
CNT	...	Kohlenstoffnanoröhre (carbon nanotube)
CTAB	...	Cetyltrimethylammoniumbromid
D	...	Drain
DDA	...	Diskrete-Dipol-Approximations-Methode
DTGS	...	deuteriertes Triglycinsulfat
EMT	...	Effektives-Medium-Theorie
FE	...	Frontelektrode
FET	...	Feldeffekttransistor
FEV	...	Frontelektrodenverstärkung
FTIR	...	Fourier-Transformations-Infrarotspektrometer
GLAD	...	Glanzwinkelabscheidung (glancing angle deposition)
GRA	...	Graben
HWCVD	...	chemische Gasphasenabscheidung mit Heißdraht-Aktivierung (hot wire chemical vapour deposition)
IBE	...	Ionenstrahlätzen (ion beam etching)
IFE	...	Institut für Festkörperelektronik
ISO	...	Isolationsgraben
IR	...	Infrarot
LFA	...	Temperaturleitfähigkeitsbestimmung (laser flash analysis)
$LiTaO_3$	...	Lithiumtantalat
LSPR	...	longitudinale Mode der Plasmonenresonanz (longitudinal surface plasmon resonance)
M	...	Masse
MOCVD	...	metallorganische Gasphasenabscheidung (metal-organic chemical vapour deposition)
MOSFET	...	Metall-Oxid-Halbleiter-Feldeffekttransistor (metal-oxide-semiconductor field-effect transistor)
MWCNT	...	mehrwandige Kohlenstoffnanoröhre (multi-wall carbon nanotube)
PVDF	...	Polyvinylidenfluorid
PZT	...	Blei-Zirkonat-Titanat
RE	...	Rückelektrode
REM	...	Rasterelektronenmikroskop
REV	...	Rückelektrodenverstärkung
S	...	Source

SBN	...	Strontium-Barium-Niobat
SFET	...	Sperrschicht-Feldeffekttransistor
SLT	...	stöchiometrisches Lithiumtantalat
SWCNT	...	einwandige Kohlenstoffnanoröhre (single-wall carbon nanotube)
TGFB	...	Triglycinfluoberyllat
TGS	...	Triglycinsulfat
TGSe	...	Triglycinselenat
TO	...	Chipgehäusetyp (transistor single outline)
TRIM	...	Programm zur Berechnung des Ionentransports in Festkörpern (transport of ions in matter)
TSPR	...	transversale Mode der Plasmonenresonanz (transverse surface plasmon resonance)

1 Einordnung und Ziele der Arbeit

Jeder Körper sendet aufgrund seiner ihm innewohnenden Wärmeenergie ständig elektromagnetische Strahlung aus. Das Maximum der spektralen spezifischen Ausstrahlung eines schwarzen Körpers liegt für Raumtemperatur bei etwa 10 µm Wellenlänge und damit im fernen Infrarot (IR) [1]. Durch die Detektion von IR-Strahlung können Informationen über viele technische, aber auch natürliche Prozesse gewonnen werden. Anwendungsgebiete sind unter anderem die berührungslose Temperaturmessung [2], die Sicherungs- und Brandschutztechnik [3], die thermische Objekterkennung [4], die spektrale Gasanalyse [5], die Materialprüfung [6] und die medizinische Diagnostik [7]. Die Aufgaben reichen von der Messung der Körpertemperatur von Mensch und Tier über Angaben zur Wärmedämmung in Gebäuden bis zur Prozessmesstechnik in der Industrie. Dabei ist es gleichgültig, ob sich das Objekt bewegt, die Temperatur sich fortlaufend ändert, Hochspannung anliegt oder die Wärmekapazität so gering ist, dass eine berührende Messung das Messergebnis vollkommen verfälschen würde. In punktförmig messenden Systemen (Pyrometer) kommen einelementige Strahlungswandler zum Einsatz, während in Wärmebildgeräten ein- oder zweidimensionale Mehrelementanordnungen lineare beziehungsweise flächenhafte Temperaturverteilungen aufnehmen.

Grundsätzlich werden zwei Gruppen von Infrarotsensoren unterschieden: Photonendetektoren und thermische Sensoren. Photonendetektoren auf der Basis von z. B. Quecksilber-Cadmium-Tellurid [8], Indium-Antimonid [9] oder Indium-Gallium-Arsenid [10] nutzen halbleiterphysikalische Effekte und zeichnen sich durch sehr kurze Ansprechzeiten, eine hohe Empfindlichkeit sowie ein sehr hohes Nachweisvermögen aus. Nachteilig sind die Wellenlängenabhängigkeit der Sensorkenngrößen sowie die aufwendigen Maßnahmen zur Detektorkühlung, die beim Betrieb im mittleren und fernen Infrarotbereich zur Unterdrückung der thermischen Generation von Ladungsträgern notwendig ist. Obwohl thermische Sensoren gegenüber halbleiterbasierten Photonensensoren hinsichtlich Empfindlichkeit und Nachweisvermögen unterlegen sind, zeichnen sie sich dadurch aus, dass sie vergleichsweise preiswert zu fertigen sind und ohne zusätzliche Kühlung betrieben werden können. Die wesentlichen Vertreter sind Bolometer [11], Thermosäulen [12–16], Golay-Zellen [17] und pyroelektrische Detektoren [18]. Letztere haben ein breites Anwendungsspektrum gefunden und sich zum dominierenden Vertreter der thermischen Strahlungssensoren im Infrarotbereich entwickelt. Sie bestimmen z. B. den Markt für IR-Bewegungsmelder [19] und weisen wegen ihres hohen Nachweisvermögens ein großes Anwendungspotential für hochgenaue ungekühlte Sensoren auf. Die Verwendung neuer Materialien und neuer Technologien sowie die Optimierung des Sensorlayouts haben in den letzten beiden Jahrzehnten zu immer höheren Signal-Rausch-Abständen geführt. Darin liegt auch zukünftig das angestrebte Ziel der weiteren Entwicklung von pyroelektrischen Detektoren. Ein etabliertes Sensormaterial stellt Lithiumtantalat ($LiTaO_3$) dar, das sich insbesondere durch sehr gute sensorspezifische Materialeigenschaften, eine hervorragende Langzeitstabilität sowie eine sehr geringe Temperaturabhängigkeit der Sensorkenngrößen auszeichnet und eine kostengünstige Fertigung hochauflösender Infrarotsensoren ermöglicht. Dabei kann eine maximale thermische Auflösung nur erreicht werden, wenn die einfallende IR-Strahlung vollständig absorbiert wird. Hierfür kommen verschiedene Absorptionsschichten zum Einsatz, die durch Auftragen auf das strahlungsempfindliche Sensorelement eine Erhöhung des Absorptionsgrades bewirken.

Die vorliegende Arbeit wurde im Hinblick auf die Entwicklung pyroelektrischer Detektoren auf der Basis von $LiTaO_3$ im Wesentlichen durch zwei Aspekte motiviert. Zum einen ist das bisher praktisch erreichte, maximale thermische Auflösungsvermögen $LiTaO_3$-basierter Infrarotsensoren etwa eine Größenordnung geringer als der theoretisch mögliche Wert, der durch das Strahlungsrauschen gegeben ist. Zum anderen können hohe Signal-Rausch-Abstände für diese Gruppe pyroelektrischer Detektoren durch besonders dünne, freitragende strahlungsempfindliche Sensorelemente erreicht werden, zu deren Herstellung am Institut für Festkörperelektronik (IFE) der Technischen Universität Dresden eine flexible Fertigungstechnologie zur Verfügung steht. Das Anliegen dieser Arbeit ist es, durch geeignete Maßnahmen die Reserven für eine maximale Steigerung der thermischen Auflösung auszuschöpfen. Dabei stehen Einelementsensoren wegen der vergleichsweise einfachen Herstellung im Mittelpunkt der Arbeit. Da die Detektivität pyroelektrischer Infrarotsensoren prinzipbedingt mit abnehmender Sensorelementdicke steigt und eine gute thermische Isolation des Sensorelementes notwendig ist, gehört dazu in erster Linie die Herstellung ultradünner, freitragender Elemente aus einem $LiTaO_3$-Einkristall mit einer Dicke von weniger als 1 μm. Dabei ergeben sich folgende Fragestellungen, die es zu untersuchen gilt:

- mechanische Stabilität dieser ultradünnen, freitragenden $LiTaO_3$-Elemente
- minimal realisierbare Sensorelementdicke
- sensorspezifische Materialeigenschaften ultradünner $LiTaO_3$-Elemente aus Volumenmaterial
- erreichbare thermische Auflösung

Für eine maximale Erhöhung der thermischen Auflösung muss der Absorptionsgrad des Sensorelementes möglichst nahe Eins sein. Dies erfordert den Einsatz einer zusätzlichen Absorptionsschicht. Mit der Verringerung der Sensorelementdicke geht eine Verringerung der Wärmekapazität des Sensorelementes einher. Dadurch kann der Einsatz einer Absorptionsschicht problematisch werden. Diese muss neben einem hohen Absorptionsvermögen für die einfallende IR-Strahlung insbesondere eine geringere thermische Masse als das Sensorelement aufweisen, damit eine maximale Temperaturänderung im Sensorelement erreicht wird. Aus diesem Grund stellt der Einsatz geeigneter Absorptionsschichten einen wesentlichen Schwerpunkt der Arbeit dar. Hier bieten Techniken der Nanotechnologie einen guten Ansatz zur Entwicklung ultradünner Absorptionsschichten.

Nach der Darlegung des aktuellen Standes der Forschung und Technik im Kapitel 2 werden im Kapitel 3 zunächst der Aufbau und die Funktionsweise sowie wichtige Sensorkenngrößen von pyroelektrischen Einelementsensoren erläutert. Auf Grundlage der mathematisch-physikalischen Analyse zur Signalbildung und -wandlung im Detektor wird dabei ausführlich auf die Anforderungen zur Erhöhung der thermischen Auflösung eingegangen. Im Kapitel 4 erfolgt die Umsetzung in ein adäquates Sensorchiplayout sowie die Herstellung entsprechender Sensorchips. Neben der Beschreibung der Gesamttechnologie werden hier insbesondere die technologischen Herausforderungen und Grenzen dargelegt und wichtige Prozessschritte optimiert. Da eine Erhöhung der thermischen Auflösung die Reduzierung der Sensorelementdicke erfordert, bestimmte Materialkenngrößen des Pyroelektrikums aber das thermische Auflösungsvermögen beeinflussen, werden in Kapitel 5 die hergestellten, ultradünnen $LiTaO_3$-Einkristalle hinsichtlich ihrer für den Einsatz in pyroelektrischen Sensoren relevanten Materialeigenschaften charakterisiert und Einflüsse der Materialbearbeitung auf die Sensorkenngrößen untersucht. In Kapitel 6 erfolgt die Messung der Sensorkenngrößen. Die Ergebnisse werden zusammen mit Simulationsrechnungen dargestellt und Fehlerursachen werden interpretiert. Zur Erhöhung des Absorptionsgrades des Sensorelementes existieren verschiedene technische Lösungen. Ihre Eignung für die hergestellten, ultradünnen $LiTaO_3$-Sensoren wird in Kapitel 7 geprüft. Darüber hinaus werden zwei neue Ansätze für sehr dünne IR-Absorptionsstrukturen beschrieben und deren Eigenschaften untersucht. Die Arbeit schließt mit einer Zusammenfassung der wesentlichen Ergebnisse sowie Vorschläge für weiterführende Forschungsarbeiten in Kapitel 8 ab. Damit setzt die vorliegende Arbeit die am IFE entstandenen Arbeiten zu pyroelektrischen Infrarotsensoren [20–22] und Absorptionsschichten für Infrarotstrahlung [23, 24] fort und geht auf die Anforderungen ein, mit denen das Rauschen in den Bereich des Strahlungsrauschens reduziert werden kann.

2 Stand der Forschung und Technik

2.1 Pyroelektrische Detektoren

Der pyroelektrische Effekt stellt eines der besten Wirkungsprinzipien zur Detektion geringster Temperaturänderungen dar. Obwohl sich erste Hinweise bereits in Schriften des griechischen Philosophen Theophrastus aus dem Jahre 315 v. Chr. wiederfinden, wurde der pyroelektrische Effekt erstmals 1717 von Louis Lemery wissenschaftlich beschrieben. 1824 gab Sir David Brewster dem Effekt seinen heutigen Namen. Eine Zusammenfassung über die 2300-jährige Geschichte der Pyroelektrizität hat Lang in [25, 26] zusammengestellt.

Die Idee, den pyroelektrischen Effekt zur Detektion von Infrarotstrahlung zu verwenden, kam Ende der 1930er Jahre auf [27]. Eine erste detaillierte Analyse wurde jedoch erst 1962 veröffentlicht, als Cooper das Verhalten eines pyroelektrischen Infrarotdetektors auf der Basis von Bariumtitanat ($BaTiO_3$) sowohl theoretisch [28] als auch praktisch [29] untersuchte. Im selben Jahr schlug Lang in [30] den Einsatz pyroelektrischer Detektoren zur Messung geringer Temperaturänderungen bis hinunter zu $0,2\ \mu K$ vor. Danach stieg die Zahl der Veröffentlichungen explosionsartig an, worin vor allem theoretische Studien [18, 31–41] durchgeführt sowie grundlegende Messmethoden [37, 42, 43] und Anwendungen [44–46] von pyroelektrischen Detektoren untersucht wurden. Schließlich finden pyroelektrische Sensoren seit den frühen 1970er Jahren eine breite Verwendung in der Detektion von Infrarotstrahlung [47, 48]. Dabei hat ihre Attraktivität gegenüber Anwendungen, die preiswerte, ungekühlte und hochgenaue Infrarotsensoren erfordern, die Entwicklung stark vorangetrieben. Durch den Einsatz neuer Materialien und neuer Technologien sowie die Optimierung des Sensorlayouts wurde im Laufe der letzten Jahrzehnte das thermische Auflösungsvermögen pyroelektrischer Infrarotdetektoren kontinuierlich verbessert [49].

Die Palette der international verwendeten Pyroelektrika ist breit und ständig kommen neue Materialien, z. B. keramische Gradientenwerkstoffe [50], hinzu. Übersichten mit Materialkonstanten von über 30 Stoffen finden sich in [20, 49, 51]. Einkristalle der Triglycinsulfat-Gruppe waren eine der ersten Materialien, die für Einelementsensoren benutzt wurden. In dieser Materialgruppe existieren unzählige Modifikationen der drei Grundsubstanzen Triglycinsulfat (TGS), Triglycinselenat (TGSe) und Triglycinfluoberyllat (TGFB), wozu u. a. Mischkristalle, deuterierte Formen dieser Verbindungen sowie durch Bestrahlung und Dotierung modifizierte Formen zählen [21]. Dabei konnte mit Detektoren basierend auf modifiziertem TGS das bislang beste thermische Auflösungsvermögen erreicht werden. Es wird von Labor-Spitzenwerten der spezifischen Detektivität von bis zu $8 \cdot 10^9\ \mathrm{cm\,Hz^{1/2}\,W^{-1}}$ berichtet [45]. Dieser Wert ist allerdings nur halb so groß wie der theoretische Grenzwert bei Raumtemperatur. Kommerziell verfügbare TGS-Detektoren besitzen zwar nur maximale Werte von etwa

$(2\dots3)\cdot10^9$ cm Hz$^{1/2}$ W^{-1} [52, 53], liegen damit aber immer noch über den Werten anderer Detektorarten. Trotz ihres hohen thermischen Auflösungsvermögens werden TGS-Detektoren heutzutage nur noch für wenige Sonderanwendungen, wie z. B. in der Infrarotspektroskopie, genutzt. Ursache sind in erster Linie die hohen Herstellungskosten, die durch den enorm hohen technologischen Aufwand während der Kristallzüchtung und der Chipherstellung entstehen. Weitere entscheidende Nachteile sind die starke Wasserlöslichkeit aller TGS-Formen sowie ihre geringe Curie-Temperatur (< 73 °C), die eine sehr starke Temperaturabhängigkeit der Sensorkenngrößen zur Folge hat [48].

In den letzten beiden Jahrzehnten haben zwei Pyroelektrika eine dominierende Stellung bei der Anwendung in Infrarotsensoren erreicht [54]. Das ist zum einen der Einkristall $LiTaO_3$ und zum anderen sind es Keramiken auf der Basis von Blei-Zirkonat-Titanat (PZT). Beide Materialien besitzen gute sensorspezifische Eigenschaften und ermöglichen eine kostengünstige Fertigung hochdetektiver Infrarotsensoren. $LiTaO_3$ zeichnet sich neben seinen sehr guten sensorspezifischen Materialeigenschaften insbesondere durch eine ausgezeichnete Langzeitstabilität und eine sehr geringe Temperaturabhängigkeit der Sensorkenngrößen aus [24, 43]. Es ist chemisch stabil und kann auf Grund der sehr hohen Curie-Temperatur von etwa 610 °C auch bei hohen Arbeitstemperaturen eingesetzt werden. Außerdem lässt es sich einfach handhaben und mit konventionellen Techniken der Mikroelektronik bearbeiten. Pyroelektrische Einelementsensoren auf der Basis von $LiTaO_3$ werden in großen Stückzahlen produziert und besitzen eine typische spezifische Detektivität von etwa $(4\dots10)\cdot10^8$ cm Hz$^{1/2}$ W^{-1} [55–57]. Dabei haben die meist verkauften $LiTaO_3$-Detektoren eine strahlungsempfindliche Fläche von (1 x 1) mm^2 oder (2 x 2) mm^2 [58]. Kommerziell verfügbare PZT-Detektoren weisen hingegen etwas geringere Signal-Rausch-Abstände auf. Typische Werte für die spezifische Detektivität liegen bei etwa $(1\dots3)\cdot10^8$ cm Hz$^{1/2}$ W^{-1} [59, 60]. Ein Vorteil der PZT-Keramiken gegenüber $LiTaO_3$ ist ihr höherer pyroelektrischer Koeffizient, was bei vergleichbaren Detektoren zu einer höheren Empfindlichkeit führt. Dennoch ermöglichen $LiTaO_3$-Sensoren höhere Signal-Rausch-Abstände aufgrund der viel geringeren relativen Permittivität und dielektrischen Verluste des Materials. Die vergleichsweise hohen Permittivitäten der PZT-Keramiken wirken sich bei sehr kleinen Detektorflächen vorteilhaft auf die Sensorkenngrößen aus [18]. Dadurch ist dieses Material insbesondere für Mehrelementanordnungen interessant [61]. Die Reproduzierbarkeit, Homogenität, Langzeitstabilität und Temperaturabhängigkeit der sensorspezifischen Materialeigenschaften sind oft akzeptabel, jedoch schlechter als bei $LiTaO_3$.

Da das thermische Auflösungsvermögen pyroelektrischer Detektoren prinzipbedingt mit der Verringerung der Sensorelementdicke steigt [35], ist die Herstellung sehr dünner pyroelektrischer Schichten notwendig. Hier liegt der Vorteil von PZT-Dünnschichten, die sich vergleichsweise einfach, z. B. mittels eines Multi-Target-Sputterprozesses, herstellen lassen [62]. Dadurch besteht eine Kompatibilität zur Siliziumtechnologie, womit sich die pyroelektrischen PZT-Sensorelemente gemeinsam mit der Signalverarbeitung in einem Chip integrieren lassen [63]. Die Abscheidung der PZT-Dünnschichten erfolgt dabei meist auf einer mikromechanisch bearbeiteten, dünnen Membran, die zum einen als Träger dient und zum anderen die Wärmeleitung vom Sensorelement in das Siliziumsubstrat verringert. Typische Dicken der PZT-Schichten liegen im Bereich von 1 µm und darunter [59]. Im Gegensatz dazu sind Detektoren auf der Basis von $LiTaO_3$ hybride Bauelemente, die aus einem pyroelektrischen Sensorchip und der Signalverarbeitung bestehen. Die Herstellung dünner Sensorchips erfolgt durch das ganzflächige Abdünnen einkristalliner $LiTaO_3$-Wafer mittels konventioneller Läpp- und Polierverfahren und anschließender Chipvereinzelung [64]. Obwohl auf diese Weise schon 10 µm dünne Sensorchips realisiert wurden [65], beträgt die typische Sensorelementdicke handelsüblicher Detektoren etwa 20 µm [58], weil dünnere Sensorchips keine ausreichende mechanische Stabilität mehr besitzen. Erst durch ein angepasstes Sensorlayout konnten Sensorelementdicken von minimal $(3 \ldots 5)$ µm hergestellt werden [66, 67]. Dies ist möglich, indem der Materialabtrag nur lokal im Bereich des strahlungsempfindlichen Sensorelementes erfolgt. Als Technologie kommt dabei gewöhnlich das Ionenstrahlätzen zum Einsatz. Die mechanische Stabilität dieser dünnen Sensorelemente ist durch den dickeren Chiprahmen gegeben, wo auch die elektrische Kontaktierung und die Befestigung des Sensorchips erfolgen. Derartige $LiTaO_3$-Sensoren erreichten das bislang höchste thermische Auflösungsvermögen. Gemessene Spitzenwerte der spezifischen Detektivität lagen bei $1,8 \cdot 10^9\ \mathrm{cm\,Hz^{1/2}\,W^{-1}}$ [66, 68], was genau eine Größenordnung unter dem theoretischen Grenzwert bei Raumtemperatur liegt.

Durch die breite Verwendung von $LiTaO_3$ in der Integrierten Optik [69] sowie in pyroelektrischen Detektoren wurden viele Untersuchungen unternommen, $LiTaO_3$ als Dünnschicht abzuscheiden und so eine Kompatibilität mit der Siliziumtechnologie zu erreichen. Dabei kamen verschiedene physikalische und chemische Verfahren, wie z. B. das Magnetronsputtern [70], die Molekularstrahlepitaxie [71], die Laserablation [72], das Sol-Gel-Verfahren [73] und die metallorganische Gasphasenepitaxie (MOCVD) [74], zum Einsatz. Es wurden amorphe, polykristalline und epitaktische $LiTaO_3$-Dünnschichten mit Dicken im Bereich von $(0,1 \ldots 1,7)$ µm auf diversen Substraten (z. B. Pt, RuO_2, MgO, Al_2O_3, SiO_2) abgeschieden [75]. Aufgrund der Gitterfehlanpassung zwischen Substrat und $LiTaO_3$ kommt es dabei zu Versetzungen im Kristallgitter und somit zu keinem perfekten Kristallwachstum. Als Folge dessen weisen diese Schichten einen um bis zu eine Größenordnung höheren dielektrischen Verlustfaktor auf. Aber auch die pyroelektrischen Eigenschaften der $LiTaO_3$-Dünnschichten sind deutlich schlechter. Gemessene Werte des pyroelektrischen Koeffizienten liegen um einen Faktor von etwa 3 bis 20 unter dem Wert des Volumenmaterials [70]. Aufgrund dessen kommen $LiTaO_3$-Dünnschichten bislang nicht in pyroelektrischen Strahlungssensoren zum Einsatz. Die Fertigung von Detektoren mit einem sehr hohen thermischen Auflösungsvermögen ist folglich nur mit aus $LiTaO_3$-Volumenmaterial gefertigten Sensorelementen und dem damit verbundenen Hybridaufbau möglich.

2.2 Absorptionsschichten für Infrarotstrahlung

Da nur der vom strahlungsempfindlichen Sensorelement absorbierte Anteil des einfallenden Strahlungsflusses für die Signalerzeugung im Sensor zur Verfügung steht, beeinflusst der Absorptionsgrad die Leistungsfähigkeit eines pyroelektrischen Detektors im entscheidenden Maße. Für ein hohes thermisches Auflösungsvermögen muss das Sensorelement folglich ein hohes Absorptionsvermögen für die einfallende (infrarote) Strahlung besitzen. Der Absorptionsgrad pyroelektrischer Strahlungssensoren ist jedoch im Allgemeinen wellenlängenabhängig und liegt zumeist beträchtlich unter 100 %. Eine wirksame Maßnahme zur Erhöhung des Absorptionsgrades besteht im Einsatz einer zusätzlichen Absorptionsschicht, die den auftreffenden Strahlungsfluss möglichst vollständig und wellenlängenunabhängig absorbiert und durch Wärmeleitung eine Temperaturänderung im empfindlichen Element hervorruft. Eine weitere Möglichkeit zur Absorptionserhöhung stellen Antireflexionsschichten dar, weil die optischen Verluste im Wesentlichen auf Reflexionen von der Sensoroberfläche zurückzuführen sind. Die thermische Masse der aufgebrachten Absorptions- oder Antireflexionsschicht sollte dabei niedrig gegenüber der des Sensorelementes sein, damit eine maximale Temperaturänderung erreicht wird [76]. Weitere Anforderungen an derartige Schichten sind eine gute mechanische und thermische Langzeitstabilität der optischen Eigenschaften sowie ein zur Herstellungstechnologie des pyroelektrischen Detektors kompatibles Auftragsverfahren mit hoher Reproduzierbarkeit. Nach dem Stand der Technik existieren verschiedene technische Lösungen für IR-Absorptionsstrukturen in pyroelektrischen Strahlungssensoren. Diese sind

- ultradünne Metallschichten mit angepasstem Flächenwiderstand [77, 78],
- einfache $\lambda/4$-Antireflexionsschichten [79] und $\lambda/4$-Strukturen [80],
- hoch poröse Metall-Schwarzschichten [81],
- gefüllte Lacke bzw. Polymerschichten [23, 82] und
- Schwarzschichten aus Kohlenstoffnanoröhren (CNT) [83–85].

Die einfachste Möglichkeit zur Realisierung eines breitbandigen IR-Absorbers besteht in der Anwendung dünner Metallschichten mit angepasstem Flächenwiderstand. Die Theorie der Strahlungsabsorption mit sehr dünnen Metallschichten wurde um 1930 von Murmann [86], Woltersdorf [87] sowie Barnes und Czerny [88] beschrieben. Dabei kann für eine freitragende Metalldünnschicht im Vakuum bei einer für jedes Metall charakteristischen Dicke ein Absorptionsmaximum von 50 % erreicht werden, wenn der Flächenwiderstand der Schicht einen Wert von 188 Ω aufweist. Das Absorptionsverhalten der Metalldünnschichten ist wellenlängenunabhängig und erstreckt sich nahezu über den gesamten Infrarotbereich. Anwendung haben diese Schichten z. B. in der Golay-Zelle [89] und in Metalldünnschicht-Bolometern [90] erhalten. Befindet sich die Metalldünnschicht auf einem Substrat, dann wird ihr Absorptionsverhalten sehr stark von den dielektrischen Eigenschaften des Trägermaterials beeinflusst. Dies ist in pyroelektrischen Strahlungssensoren der Fall, wo standardmäßig die Eigenabsorption des Sensorelementes, das aus dem System *Frontelektrode-Pyroelektrikum-Rückelektrode* besteht, ausgenutzt wird. Die Theorie der Strahlungsabsorption eines solchen Systems wurde von Hilsum [91], Silberg [92] und Heavens [93] beschrieben. Dabei kann durch geeignete Wahl der Dicke des Pyroelektrikums sowie des Flächenwiderstandes der Elektroden das Absorptionsverhalten optimiert werden. In [94] wurde dies für einen pyroelektrischen Detektor auf der Basis von PVDF getan, wobei zwei Konfigurationen vorgestellt werden. Die erste ermöglicht eine gleichmäßige Absorption von etwa 50 % im Wellenlängenbereich von (3 . . . 200) µm und bei der zweiten werden Interferenzerscheinungen ausgenutzt, um eine möglichst hohe Absorption (hier etwa 90 %) im Wellenlängenbereich von (7 . . . 15) µm erreichen zu können. Im Gegensatz zu Polymeren wie PVDF ist die dielektrische Funktion von Ionenkristallen, wie $LiTaO_3$, im Infrarotbereich von einigen sehr breiten Oszillatoren mit hoher Oszillationsstärke geprägt [95]. In diesen Teilen des Spektrums ist ihr Reflexionsvermögen sehr hoch, was dazu führt, dass eine aufgebrachte Metalldünnschicht nicht mehr gut absorbiert. Folglich ist das Absorptionsvermögen eines $LiTaO_3$-Detektors sehr stark von der Wellenlänge abhängig. Unter Berücksichtigung der Langzeitstabilität wurde in [96] das Elektrodensystem für $LiTaO_3$-Detektoren hinsichtlich der optischen und elektrischen Eigenschaften optimiert. Als Ergebnis ergaben sich Metalldünnschichten aus Nickel-Chrom 80/20 ($Ni_{80}Cr_{20}$) mit einer Dicke von 7 nm auf der Frontseite und 25 nm auf der Rückseite, wodurch ein Bandabsorptionsgrad von etwa 0, 62 im technisch interessanten Wellenlängenbereich von (1 . . . 20) µm erreicht wird [22].

Ein Hauptproblem bei der Erhöhung der Sensorleistung sind Reflexionen von der strahlungsempfangenden Sensoroberfläche. Eine wirksame Maßnahme zur Verringerung dieser Reflexionen und der daraus resultierenden Erhöhung der Absorption besteht im Aufbringen optischer Interferenzschichten [97]. Die Dicke dieser Schichten beträgt im Allgemeinen ein Viertel der Schwerpunktwellenlänge des zu entspiegelnden Spektralbereiches. Deshalb werden diese Schichten auch $\lambda/4$-Antireflexionsschichten bzw. $\lambda/4$-Strukturen genannt. Der wesentliche Nachteil einfacher $\lambda/4$-Antireflexionsbeschichtungen liegt darin, dass eine gute Entspiegelung nur für einen sehr engen Spektralbereich möglich ist. Diese Einschränkung hat zur Entwicklung sehr komplexer Multischichtsysteme geführt, die eine breitbandige Entspiegelung erlauben [98, 99]. Die Bandbreite hängt dabei von der Anzahl der Schichten ab. Viellagige Antireflexionsbeschichtungen besitzen jedoch eine hohe Wärmekapazität, weshalb sie nicht in pyroelektrischen Detektoren zum Einsatz kommen. Stattdessen werden sie gewöhnlich für infrarot-optische Komponenten, z. B. Filter, verwendet, um deren Transmissionseigenschaften zu verbessern [100, 101]. Einfache $\lambda/4$-Schichten haben hingegen Anwendung in pyroelektrischen Detektoren gefunden [102, 103]. In [80] wird z. B. eine $\lambda/4$-Absorptionsstruktur für pyroelektrische Sensoren vorgestellt, die eine Absorption von etwa 90 % im Wellenlängenbereich von (8 . . . 14) µm aufweist. Diese besteht aus einer Metalldünnschicht mit an den Freiraumwellenwiderstand angepasstem Flächenwiderstand, einer $\lambda/4$-Polymerschicht und einer spiegelnden Titanschicht, die gleichzeitig die Frontelektrode des Detektors darstellt. Nachteil dieser Anordnung ist neben der schmalbandigen Absorption vor allem die schlechte

Wärmeleitung von der Absorptionsschicht in das pyroelektrische Sensorelement, die eine Verringerung der Empfindlichkeit bei hohen Modulationsfrequenzen zur Folge hat.

1930 beobachtete Pfund, dass sich Metalle als eine schwarze Schicht abscheiden lassen, wenn sie in einer Restgasatmosphäre verdampft werden [104]. Diese Metall-Schwarzschichten zeichnen sich durch eine sehr hohe (> 98 %) und gleichmäßige Absorption vom sichtbaren bis in den fernen infraroten Spektralbereich aus und werden deshalb am häufigsten in pyroelektrischen Strahlungssensoren eingesetzt [105, 106]. Neben der thermischen Verdampfung besteht auch die Möglichkeit metallische Schwarzschichten elektrochemisch abzuscheiden [107, 108]. In der Literatur finden sich Hinweise zu Metall-Schwarzschichten basierend auf Au, Ag, Pt, Bi, Al, Pd, Cu, Ni, Zn, Sb, Te, Cd, Pb [105, 109] sowie Legierungen davon [110]. Dabei werden in pyroelektrischen Detektoren gewöhnlich Au- [111, 112] oder Ag-Schwarzschichten [113] wegen ihrer geringen Wärmekapazität und hohen Wärmeleitfähigkeit verwendet. Metall-Schwarzschichten weisen eine hoch poröse, aber dennoch stark perkolierte Struktur auf, wodurch sie eine äußerst geringe Wärmekapazität besitzen. Mit der hohen Porosität von über 90 % sind aber auch einige Nachteile verbunden [107]. Die Schichten sind schwierig zu handhaben, da sie mechanisch instabil sind und sehr leicht zerstört werden können. Metall-Schwarzschichten sind nicht wischfest sowie nicht feuchtigkeits- und lösungsmittelbeständig und selbst unter normaler Luftfeuchtigkeit nicht langzeitstabil. Daher lassen sie sich nicht auf fotolithografischem Wege strukturieren. Ihre Herstellung lässt sich nur mittels Metallwechselmasken realisiert. Dadurch ist die laterale Auflösung der Strukturierung auf etwa $(10 \ldots 20)$ µm begrenzt [24]. Metall-Schwarzschichten werden gewöhnlich im letzten Prozessschritt, d. h. kurz vor dem Gehäuseverschluss, aufgebracht.

Als Alternative kommen in pyroelektrischen Detektoren meist gefüllte Polymerschichten zum Einsatz, welche nicht die erwähnten Nachteile metallischer Schwarzschichten besitzen. Dabei wird ein fotolithografisch strukturierbarer Lack mit einem Füllstoff vermischt, wodurch absorbierende Eigenschaften im infraroten Spektralbereich erhalten werden [82]. Als Füllstoffe kommen feinkörnige Materialen zum Einsatz, wie z. B. Kohlenstoff oder Metalloxide. Das Lackgemisch wird im Scheibenverband aufgewalzt, aufgedruckt oder aufgeschleudert und die dadurch entstehende Absorptionsschicht durch übliches Belichten über Fotomasken und anschließendes Entwickeln strukturiert. Derart hergestellte Absorptionsschichten können im Wellenlängenbereich von $(1 \ldots 20)$ µm eine gleichmäßig hohe Absorption von bis zu 95 % aufweisen. Typische Schichtdicken liegen im Bereich von $(3 \ldots 10)$ µm. Nachteilig sind insbesondere die sehr hohe Wärmekapazität sowie die geringe Wärmeleitfähigkeit dieser Schichten [109].

Neueste Untersuchungen berichten von hoch absorbierenden Schwarzschichten auf der Basis von Kohlenstoffnanoröhren [114]. Ihre Eignung zur Anwendung in pyroelektrischen Strahlungssensoren wurde in [115] erstmals für einwandige Kohlenstoffnanoröhren (SWCNT) untersucht und bestätigt. Dabei wurde auf die Sensorfläche eines $LiTaO_3$-Detektors eine etwa 2 µm dicke SWCNT-Schicht mittels einer einfachen Sprühtechnik aufgetragen und die spektrale Empfindlichkeit im nahen Infrarotbereich untersucht. Es konnte eine hohe Absorption von etwa 90 % im Wellenlängenbereich von $(0,6\ldots1,4)$ µm gemessen werden. Neuere Untersuchungen im mittleren und fernen Infrarotbereich haben jedoch gezeigt [84], dass das spektrale Verhalten von SWCNT-Absorptionsschichten sehr starke Fluktuationen aufweist und die Absorption mit zunehmender Wellenlänge stark abnimmt. Dies schränkt ihre Anwendung in thermischen Infrarotsensoren ein. Absorptionsschichten aus mehrwandigen Kohlenstoffnanoröhren (MWCNT) zeigen dieses Verhalten hingegen nicht. In [116] wurde erstmals ihre Eignung für pyroelektrische Detektoren untersucht. Die Herstellung der Schichten erfolgte über eine chemische Gasphasenabscheidung mit Heißdraht-Aktivierung (HWCVD), wobei die MWCNT direkt auf der Detektoroberfläche aufgewachsen wurden. Versuche zur Anwendung einer MWCNT-Absorptionsschicht auf einem $LiTaO_3$-Detektor scheiterten dabei an der hohen Prozesstemperatur von etwa 750 °C, die über der CURIE-Temperatur von $LiTaO_3$ liegt und zur Zerstörung der pyroelektrischen Eigenschaften führte. Stattdessen wurde Lithiumniobat ($LiNbO_3$) verwendet und die spektrale Empfindlichkeit entsprechender Detektoren im nahen Infrarotbereich untersucht. Dabei konnte eine gleichmäßig hohe Absorption von etwa 85 % im Wellenlängenbereich von $(0,6\ldots1,8)$ µm gemessen werden. Spätere Untersuchungen im mittleren und fernen Infrarotbereich bis etwa 14 µm Wellenlänge bestätigten das gleichmäßige Absorptionsverhalten der MWCNT-Schichten [83]. Die untersuchten CNT-Absorptionsschichten weisen eine hohe Porosität und eine Struktur ähnlich der von Metall-Schwarzschichten auf. Dennoch sollen sie wesentlich stabiler sein. Genaue Angaben über ihre mechanische Stabilität, d. h. ob sie wischfest und lösungsmittelbeständig sind und sich auf fotolithografischem Wege strukturieren lassen, finden sich nicht.

3 Grundlagen pyroelektrischer Einelementsensoren

In den folgenden Abschnitten werden der Aufbau und die Funktionsweise pyroelektrischer Infrarotsensoren erläutert. Nach einer allgemeinen Darstellung der Detektorkomponenten erfolgt eine detaillierte Beschreibung der Funktionsweise, wobei insbesondere die thermischen Verhältnisse im Sensor betrachtet werden. Danach erfolgt die Definition der für diese Arbeit wichtigen Sensorkenngrößen. Abschließend wird auf Grundlage der mathematisch-physikalischen Analyse die Erhöhung der thermischen Auflösung $LiTaO_3$-basierter Infrarotdetektoren untersucht. Dabei werden insbesondere die geometrisch-konstruktiven Sensorparameter näher analysiert.

3.1 Prinzipieller Aufbau

Pyroelektrische Infrarotsensoren auf der Basis von Lithiumtantalat sind hybride Bauelemente. Sie bestehen aus einem pyroelektrischen Chip mit dem strahlungsempfindlichen Sensorelement und einem Vorverstärker (**Abb. 3.1**). Der hybride Aufbau ist notwendig, weil sich die meist Silizium-basierte Schaltung nicht in das Sensormaterial integrieren lässt. Diese beiden Komponenten sind in einem hermetisch dichten Gehäuse mit infrarotdurchlässigem Fenster untergebracht [1].

Der pyroelektrische Chip besteht aus einem pyroelektrischen Material, z. B. $LiTaO_3$, mit zwei aufgedampften Elektroden, auf denen die polare Achse des Pyroelektrikums gewöhnlich senkrecht steht. Dabei wird die Größe A_D der strahlungsempfindlichen Fläche durch die Überlappungsfläche von Front- und Rückelektrode gebildet. Die bei der Absorption von Infrarotstrahlung hervorgerufene Temperaturänderung $\Delta T_P(t)$ des empfindlichen Elementes führt aufgrund des pyroelektrischen Effektes zu einer Änderung der spontanen Polarisation P_S und damit zur Entstehung von Oberflächenladungen. Diese Ladungsänderung $\Delta Q(t)$ auf den Sensorelektroden wird mit Hilfe des Vorverstärkers in die Signalspannung $u_S(t)$ umgewandelt. Rauschquellen im pyroelektrischen Chip sowie im Vorverstärker rufen zusätzlich eine Rauschspannung $u_R(t)$

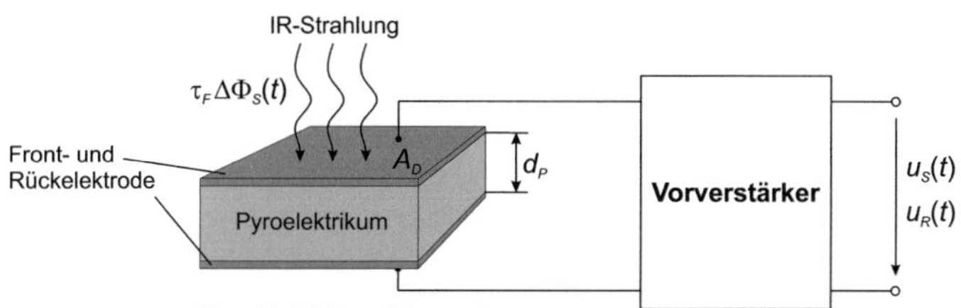

Abb. 3.1: Prinzipieller Aufbau eines pyroelektrischen Einelementsensors.

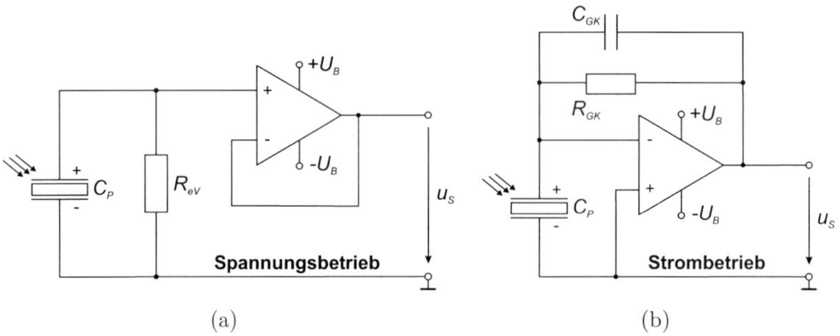

Abb. 3.2: Pyroelektrischer Einelementsensor im (a) Spannungsbetrieb und (b) Strombetrieb.

am Ausgang des Vorverstärkers hervor, die der Signalspannung überlagert ist und den minimal nachweisbaren Strahlungsfluss des Detektors begrenzt. Da das permanente elektrische Dipolmoment des Pyroelektrikums durch induzierte Ladungen auf den Elektroden ausgeglichen wird, können nur sich zeitlich ändernde Strahlungsflüsse nachgewiesen werden. Für stationäre Wärmeszenen mit konstantem Strahlungsfluss muss deshalb die einfallende Strahlung mittels eines Strahlungsmodulators, meist eines Choppers (engl.: Zerhacker), zeitlich moduliert werden. Dabei kann das am Detektor wirksame Strahlungsflusssignal $\Delta\Phi_S(t)$ als Differenz zwischen dem Objektstrahlungsfluss Φ_{Obj} und dem Chopperreferenzstrahlungsfluss Φ_{Ch} angesehen werden. Für einen Transmissionsgrad des Eintrittsfensters $\tau_F = 1$ ergibt sich folglich

$$\Delta\Phi_S(t) = (\Phi_{Obj} - \Phi_{Ch})\,\theta(t) \tag{3.1}$$

mit der Choppermodulationsfunktion $\theta(t)$, die den zeitlichen Verlauf der Strahlungsunterbrechung beschreibt [117].

Pyroelektrische Infrarotsensoren können sowohl im Spannungs- als auch im Strombetrieb benutzt werden (**Abb. 3.2**). Der Spannungsbetrieb wird häufig mit einem Sperrschicht-Feldeffekttransistor (SFET) als Sourcefolger und der Strombetrieb durch einen Transimpedanzverstärker realisiert [118]. Am häufigsten kommt der Spannungsverstärker zum Einsatz. Hier überbrückt ein Entladewiderstand R_{eV}, der einen extrem hohen Wert bis zu 10^{12} Ω hat und den Eingangswiderstand des Vorverstärkers darstellt, das eigentlich kapazitive Sensorelement. Dabei erweist sich R_{eV} zusammen mit der Kapazität C_P des empfindlichen Elementes als sehr hohe Ausgangsimpedanz, welcher die Folgeschaltung gerecht werden muss. Um diese Anpassungsschwierigkeiten zu umgehen, wird ein Feldeffekttransistor (FET) eingesetzt, der als Impedanzwandler wirkt und mitunter eine geringfügige Verstärkung v aufweist. Dabei sind SFET am besten geeignet, da sie ein günstigeres Rauschverhalten als andere Typen (z. B. MOSFET) in dem für pyroelektrische Detektoren interessierenden Frequenzbereich $f = (0{,}1 \ldots 1000)$ Hz aufweisen [119].

3.2 Funktionsweise

Im Folgenden wird die Wandlung des auf die Sensorfläche A_D auftreffenden Strahlungsflusses $\tau_F \Delta\Phi_S(t)$ in eine elektrische Ausgangsspannung $u_S(t)$ des Detektors beschrieben (**Abb. 3.3**), wobei zeitlich sinusförmige Vorgänge im eingeschwungenen Zustand vorausgesetzt werden. Die aus der Strahlungsabsorption resultierende Temperaturänderung $\Delta T_P(t)$ im Sensorelement wird dabei durch die thermischen Verhältnisse im Sensor bestimmt. Deshalb erfolgt zunächst eine genaue Analyse der thermischen Verhältnisse für sehr dünne, freitragende Sensorelemente und ihrer Umgebung. Anschließend wird die thermisch-elektrische Signalwandlung betrachtet, die zur Entstehung des pyroelektrischen Stromes $i_P(t)$ führt. Mit Hilfe des Vorverstärkers wird dieser in eine einfach weiter zu verarbeitende Signalspannung $u_S(t)$ umgewandelt, wobei hier nur der Spannungsbetrieb betrachtet werden soll. Damit sind die Grundlagen zur theoretischen Berechnung wichtiger Sensorkenngrößen gelegt.

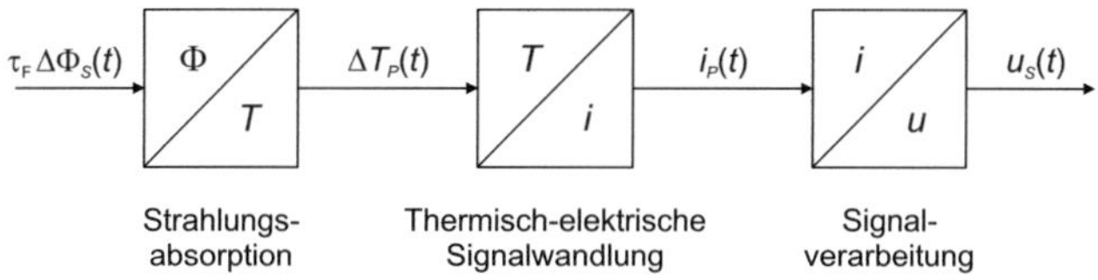

Abb. 3.3: Schematische Darstellung der Signalwandlung im pyroelektrischen Einelementsensor.

3.2.1 Temperaturänderung im pyroelektrischen Sensorelement

Im Interesse einer hohen Empfindlichkeit und eines großen Signal-Rausch-Abstandes wird eine möglichst große Temperaturänderung ΔT_P des empfindlichen Elementes angestrebt. Dafür muss das Sensorelement einen möglichst hohen Absorptionsgrad α_S für die einfallende Infrarotstrahlung besitzen, der idealerweise Eins ist und keine Wellenlängenabhängigkeit aufweist. Die Strahlungsleistung $\Delta\Phi_S(t)$ wirke nun während der Zeit dt auf den Detektor ein. Damit wird auf das Sensorelement die Strahlungsenergie $\tau_F \alpha_S \Delta\Phi_S(t)dt$ übertragen, die eine Temperaturerhöhung des empfindlichen Elementes, dessen Wärmekapazität H_P sei, um $\Delta T_P(t)$ bewirkt. Da das empfindliche Element durch die Chipaufhängung und die elektrischen Zuleitungen mit einer Wärmesenke gekoppelt ist, fließt gleichzeitig die Wärmeenergie $G_{th} \Delta T_P(t)dt$ ab, wobei G_{th} der für alle Wärmeleitungspfade zusammengefasste Wärmeleitwert sei. **Abb. 3.4** zeigt eine vereinfachte Darstellung der thermischen Verhältnisse sowie das Schaltbild des thermischen Netzwerkes, welches sich mit der Differentialgleichung

$$\alpha_S \tau_F \Delta\Phi_S(t) = H_P \frac{\mathrm{d}\left[\Delta T_P(t)\right]}{\mathrm{d}t} + G_{th} \Delta T_P(t) \tag{3.2}$$

ausdrücken lässt und die Berechnung der Temperaturänderung ermöglicht. Für si-

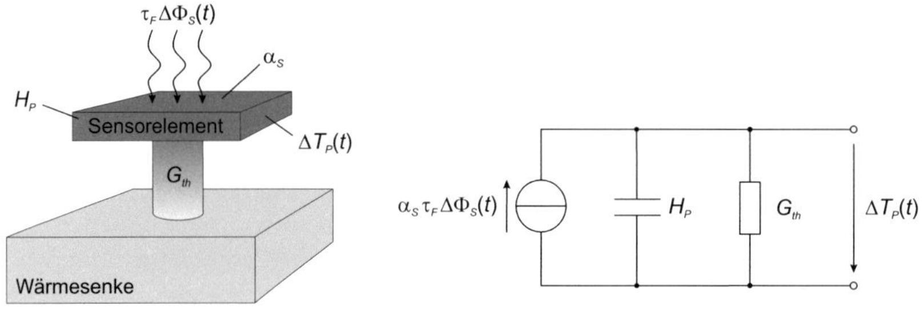

(a) (b)

Abb. 3.4: (a) Vereinfachte Darstellung der thermischen Verhältnisse in einem Einelementsensor und (b) zugehöriges Schaltbild des thermischen Netzwerkes.

nusförmige Vorgänge im eingeschwungenen Zustand ergibt sich für die komplexe Amplitude der Temperaturänderung $\underline{\Delta\hat{T}}_P$ unter Verwendung der Amplitude $\Delta\hat{\Phi}_S$ des einfallenden Strahlungsflusses nach [1]

$$\underline{\Delta\hat{T}}_P(\omega) = \frac{\alpha_S \tau_F \Delta\hat{\Phi}_S}{G_{th} + j\omega H_P} = \frac{\alpha_S \tau_F \Delta\hat{\Phi}_S}{G_{th}} \frac{1}{1 + j\omega\tau_{th}} \tag{3.3}$$

mit der Modulationskreisfrequenz ω und der thermischen Zeitkonstante

$$\tau_{th} = \frac{H_P}{G_{th}}. \tag{3.4}$$

Der Frequenzgang der Temperaturamplitude $\Delta\hat{T}_P$ entspricht dem eines elektrischen RC-Tiefpasses. Dabei ist die maximal erreichbare Temperaturerhöhung $\Delta\hat{T}_{Pmax}$ für kleine Frequenzen ($\omega^2\tau_{th}^2 \ll 1$) durch

$$\Delta\hat{T}_{Pmax} = \frac{\alpha_S \tau_F \Delta\hat{\Phi}_S}{G_{th}} \tag{3.5}$$

gegeben. Folglich ist die Temperaturerhöhung des Sensorelementes umso größer, je weniger von der einfallenden Energie durch die Summe der Wärmeleitwerte abgeführt wird. Daher ist eine möglichst gute Wärmeisolation des empfindlichen Elementes anzustreben, was durch eine freitragende Konstruktion ermöglicht wird. Mit steigender Modulationskreisfrequenz verringert sich die Temperaturdifferenz, bis sie bei der Grenzfrequenz

$$\omega_G = \frac{1}{\tau_{th}} \tag{3.6}$$

auf das $1/\sqrt{2}$-fache (≈ 71 %) von $\Delta\hat{T}_{Pmax}$ gefallen ist. Danach setzt sich die Abnahme mit $\Delta\hat{T}_P \sim 1/\omega$ fort, denn für $\omega^2\tau_{th}^2 \gg 1$ gilt für die Temperaturänderung

$$\Delta\hat{T}_P(\omega) \approx \frac{\alpha_S \tau_F \Delta\hat{\Phi}_S}{\omega H_P}. \tag{3.7}$$

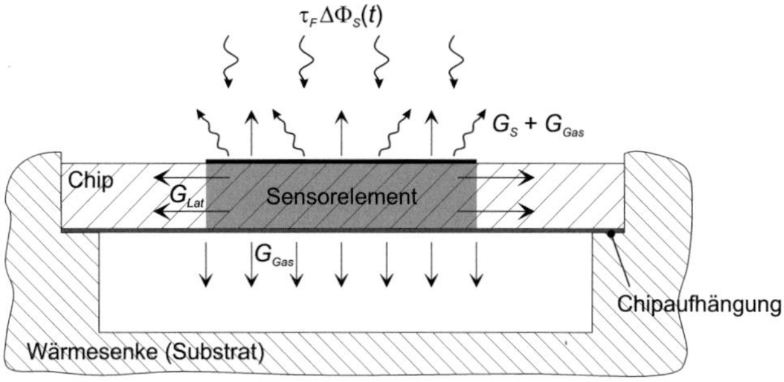

Abb. 3.5: Darstellung der verschiedenen Wärmeleitungsbeiträge G_x in einem freitragenden Sensorchip. Hier sind G_S der Strahlungsleitwert, G_{Gas} der Wärmeleitwert über das umgebende Gas und G_{Lat} der laterale Wärmeleitwert.

Folglich muss für eine maximale Temperaturänderung bei hohen Modulationsfrequenzen die Wärmekapazität möglichst klein sein, was durch sehr dünne Sensorelemente erreicht werden kann. Für die Wärmekapazität gilt

$$H_P = A_D d_P \varrho_P c_P = A_D d_P c'_P, \tag{3.8}$$

wobei d_P die Dicke des Sensorelementes, ϱ_P die Dichte und c_P die spezifische bzw. c'_P die volumenspezifische Wärmekapazität des Pyroelektrikums sind.

Für freitragende pyroelektrische Schichten kann der Wärmeaustausch zwischen dem empfindlichen Element und seiner Umgebung durch

- Wärmestrahlung der Oberfläche (thermischer Leitwert G_S),
- Wärmeleitung über das umgebende Gas (thermischer Leitwert G_{Gas}) sowie
- Wärmeleitung im Pyroelektrikum (thermischer Leitwert G_{Lat})

erfolgen (**Abb. 3.5**). Die thermischen Einzelleitwerte sollen im Folgenden für sehr dünne, freitragende Sensorelemente genauer analysiert werden.

a) Wärmestrahlung

Die Wärmeabfuhr durch Strahlung ist in der Regel eine Größenordnung geringer als die anderen Wärmeleitungsbeiträge [120]. Sie ist jedoch prinzipiell unvermeidbar und stellt den theoretischen Grenzwert der Wärmeleitung eines thermischen Detektors dar. Die von der Sensorfläche abgestrahlte Wärmeleistung erhält man über die Differentiation des STEFAN-BOLTZMANN-Gesetzes. Befindet sich dabei das empfindliche Element im thermischen Gleichgewicht mit seiner Umgebung, dann ergibt sich für den Wärmeleitwert G_S durch Strahlung nach [1]

$$G_S = 4\epsilon_S A_D \sigma T^3. \tag{3.9}$$

Hier bezeichnet σ die STEFAN-BOLTZMANN-Konstante, ϵ_S den Emissionsgrad der Sensorfläche und T die Temperatur. Dabei wurde angenommen, dass nur die dem Eintrittsfenster zugewandte Sensorfläche strahlt, während die Emission der Rückseite durch Verspiegelung mit der Rückelektrode minimiert wurde.

b) Wärmeleitung über das umgebende Gas

Der Einfluss der Wärmeleitung über das umgebende Gas hängt von der Sensorgeometrie und der Modulationsfrequenz ab [121] und kann durch Einbettung des Detektors in ein Gas mit großen Molekülen, wie z. B. Argon oder Krypton, um einen Faktor 2 bis 3 verringert bzw. bei Einschluss in ein Vakuum vollständig vermieden werden. Aus Kostengründen wird beides in der Regel unterlassen. Mit der Verringerung der Sensorelementdicke steigt der Einfluss der Wärmeleitung über das Gas und der Wärmeleitungsbeitrag muss berücksichtigt werden. Die Wärmekonvektion wird hingegen nicht betrachtet, weil davon ausgegangen werden kann, dass in dem abgeschlossenen Sensorgehäuse aufgrund des geringen Abstandes zwischen Sensorelement und Wärmesenke keine freie Konvektion auftritt [122, 123].

Ausgangspunkt zur Berechnung des Wärmeleitwertes ist das in **Abb. 3.6** dargestellte Schichtmodell für ein freitragendes pyroelektrisches Sensorelement. Die einzelnen Schichten i sind durch ihre Wärmeleitfähigkeit λ_i, Dicke d_i und Temperaturleitfähigkeit a_i gekennzeichnet. Der auftreffende, sinusförmig modulierte Strahlungsfluss wird an der Oberfläche der Schicht P (Sensorelement) absorbiert und führt auf Grund der Wärmeleitung in z-Richtung zu einer Temperaturänderung in allen Schichten i. Diese Temperaturänderung kann mit Hilfe der Wärmeleitungsgleichung nach [20, 124]

$$\nabla^2 \underline{\Delta \hat{T}}_i(x,y,z) = \mu_i^2 \left[\underline{\Delta \hat{T}}_i(x,y,z) - \frac{\hat{q}_{Vi}}{j\omega c_i'} \right] \tag{3.10}$$

mit

$$\mu_i^2 = j\omega \frac{c_i'}{\lambda_i} = \frac{j\omega}{a_i}; \qquad i \in \{\text{G1, P, G2}\} \tag{3.11}$$

unter Berücksichtigung der konkreten Randbedingungen ermittelt werden. Hier sind ∇^2 der Laplace-Operator und $\hat{q}_{Vi}$ die pro Volumenelement erzeugte Wärmeleistung in der Schicht i. Unter der Voraussetzung, dass die lateralen Abmessungen des Sensorelementes sehr viel größer als dessen Dicke und keine inneren Wärmequellen $\hat{q}_{Vi}$ vorhanden sind, nimmt die Wärmeleitungsgleichung dabei die Form

$$\frac{\partial^2 \underline{\Delta \hat{T}}_i(z_i)}{\partial z_i^2} = \mu_i^2 \underline{\Delta \hat{T}}_i(z_i) \tag{3.12}$$

an und liefert als Lösung[1] die komplexe Amplitude der Temperaturänderung $\underline{\Delta \hat{T}}_i(z_i)$ in allen Schichten i [121, 124]. Mit der Annahme, dass der auftreffende Strahlungsfluss

[1] Eine ausführliche Herleitung ist im Anhang A.1 aufgeführt.

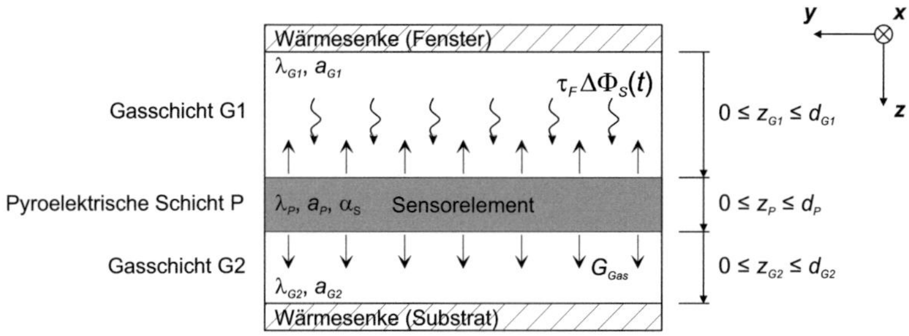

Abb. 3.6: Schichtmodell eines ultradünnen, freitragenden Sensorelementes zur Berechnung des thermischen Leitwertes G_{Gas} durch Wärmeleitung über das umgebende Gas.

räumlich gleichmäßig verteilt ist und auch gleichmäßig absorbiert wird, berechnet sich die mittlere Temperaturänderung im empfindlichen Element durch Integration über die pyroelektrische Schicht zu

$$\begin{aligned} \underline{\Delta\hat{T}}_{Pm} &= \frac{1}{d_P}\int\limits_0^{d_P} \underline{\Delta\hat{T}}_P(z_P)\,\mathrm{d}z_P \\ &= \frac{\tau_F\alpha_S\Delta\hat{\Phi}_S}{d_P\mu_P A_D}\left(A'_P\sinh(\mu_P d_P) - B'_P\cosh(\mu_P d_P) + B'_P\right) \end{aligned} \tag{3.13}$$

wobei die Parameter A'_P und B'_P im Anhang A.1 definiert sind. Damit ergibt sich unter Verwendung von Gl. (3.3) für den komplexen thermischen Leitwert $\underline{G}_{Gas}$ infolge von Wärmeleitung über das umgebende Gas

$$\underline{G}_{Gas} = \frac{\mu_P d_P A_D}{\left(A'_P\sinh(\mu_P d_P) - B'_P\cosh(\mu_P d_P) + B'_P\right)} - j\omega H_P. \tag{3.14}$$

c) Laterale Wärmeleitung

Der Einfluss der lateralen Wärmeleitung im Sensormaterial ist ebenfalls von der Sensorgeometrie und der Modulationsfrequenz abhängig [125]. Zur Berechnung dieses Wärmeleitungsbeitrages dient das in **Abb. 3.7** dargestellte Modell für ein sehr dünnes, freitragendes Sensorelement. Zur Vereinfachung wird dabei von einer rotationssymmetrischen Anordnung ausgegangen. In Anlehnung an das aus dem Stand der Technik [126] bekannte und in dieser Arbeit (vgl. Abschnitt 4.1) verwendete Layout für sehr dünne $LiTaO_3$-Sensorchips definieren hier die Bereiche 1 und 2 das mittels Ionenstrahlätzen abgedünnte Gebiet der Dicke d_P und der Bereich 3 den deutlich dickeren Chiprand mit $d_{Chip} \approx 20$ µm, der die mechanische Stabilität des Sensorchips gewährleistet. Dabei sind die einzelnen Bereiche i durch ihre Wärmeleitfähigkeit λ_i, Temperaturleitfähigkeit a_i und ihren Absorptionsgrad α_i charakterisiert. Durch Einbringen eines thermischen Isolationsgrabens im Bereich 2 kann die laterale Wärmeleitung im Sensormaterial verringert werden. Das empfindliche Element, gegeben

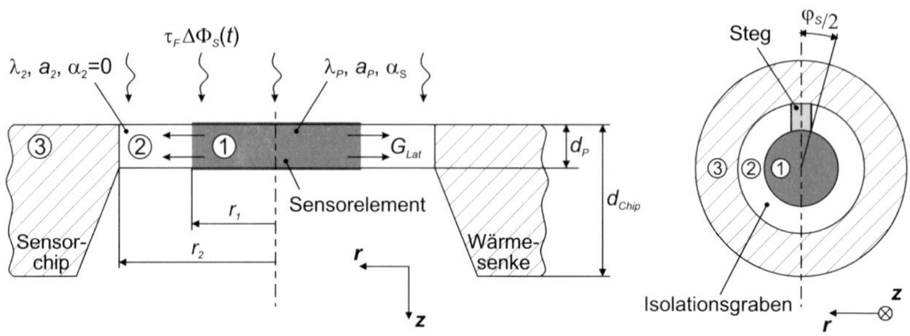

Abb. 3.7: Modell eines ultradünnen, freitragenden Sensorchips zur Berechnung des thermischen Leitwertes G_{Lat} durch Wärmeleitung im pyroelektrischen Material.

durch den Bereich 1, ist dann nur noch über einen schmalen Steg im Bereich 2 mit der Wärmesenke verbunden. Die Breite des Steges wird hierbei durch den Winkel φ_S charakterisiert. Darüber hinaus wird angenommen, dass in den Bereichen 2 und 3 keine Absorption stattfindet, d. h. $\alpha_2 = \alpha_3 = 0$. Der dicke Chiprahmen, gegeben durch den Bereich 3, wird dabei als Wärmesenke angesehen. Damit folgt für die Wärmeleitungsgleichung (3.10) nach [125] die Form

$$\frac{\partial^2 \underline{\Delta \hat{T}}_i(r)}{\partial r^2} + \frac{1}{r}\frac{\partial \underline{\Delta \hat{T}}_i(r)}{\partial r} = \mu_i^2 \left[\underline{\Delta \hat{T}}_i(r) - \hat{q}'_{Vi}\right] \tag{3.15}$$

mit

$$\hat{q}'_{Vi} = \frac{\alpha_i \tau_F \Delta\hat{\Phi}_S}{j\omega c'_i d_P A_i}; \qquad i \in \{1, 2, 3\}. \tag{3.16}$$

Unter der Annahme, dass in z-Richtung kein Temperaturgradient in der pyroelektrischen Schicht auftritt, berechnet sich die mittlere Temperaturänderung im empfindlichen Element durch Integration über die Detektorfläche zu[2]

$$\begin{aligned}\underline{\Delta \hat{T}}_{Pm} &= \frac{1}{A_D}\int_0^{2\pi}\int_0^{r_1} \underline{\Delta \hat{T}}_1(r)\, r \,\mathrm{d}r\,\mathrm{d}\varphi \\ &= \frac{1}{A_D}\left[\int_0^{\varphi_S}\int_0^{r_1} \underline{\Delta \hat{T}}_{1_{Steg}}(r)\, r\,\mathrm{d}r\,\mathrm{d}\varphi + \int_{\varphi_S}^{2\pi}\int_0^{r_1} \underline{\Delta \hat{T}}_{1_{Gas}}(r)\, r\,\mathrm{d}r\,\mathrm{d}\varphi\right]\end{aligned} \tag{3.17}$$

mit

$$\underline{\Delta \hat{T}}_{1_{Steg}}(r) = \hat{q}'_{V1}\left(1 + C'_{1_{Steg}} I_0(\mu_1 r)\right), \tag{3.18}$$

$$\underline{\Delta \hat{T}}_{1_{Gas}}(r) = \hat{q}'_{V1}\left(1 + C'_{1_{Gas}} I_0(\mu_1 r)\right), \tag{3.19}$$

[2] Eine ausführliche Herleitung findet sich im Anhang A.2.

wobei die Parameter $C'_{1_{Steg}}$ und $C'_{1_{Gas}}$ im Anhang A.2 spezifiziert sind und I_0 die modifizierte BESSEL-Funktion 0. Ordnung bezeichnet. Damit ergibt sich unter Verwendung von Gl. (3.3) für den komplexen thermischen Leitwert $\underline{G}_{Lat}$ infolge von Wärmeleitung im pyroelektrischen Material und im Isolationsgraben

$$\underline{G}_{Lat} = \frac{j\omega H_P}{\left(1 + C'_{1_{Steg}} \frac{I_1(\mu_1 r_1)}{\mu_1 r_1} \frac{\varphi_S}{\pi} + 2C'_{1_{Gas}} \frac{I_1(\mu_1 r_1)}{\mu_1 r_1} - C'_{1_{Gas}} \frac{I_1(\mu_1 r_1)}{\mu_1 r_1} \frac{\varphi_S}{\pi}\right)} - j\omega H_P. \tag{3.20}$$

Für den Fall ohne Isolationsgraben vereinfacht sich Gl. (3.20) zu

$$\underline{G}_{Lat} = \frac{j\omega H_P}{\left(1 + \frac{2C'_{1_{Steg}} I_1(\mu_P r_1)}{\mu_P r_1}\right)} - j\omega H_P \tag{3.21}$$

mit I_1 als modifizierte BESSEL-Funktion 1. Ordnung.

d) Zusammenfassung der thermischen Einzelleitwerte

Wirken mehrere, voneinander unabhängige Wärmeleitungsmechanismen, so können diese als Parallelschaltung thermischer Leitwerte dargestellt werden [127]. Der Gesamtwärmeleitwert ergibt sich dann aus der Summe der thermischen Einzelleitwerte:

$$G_{th} = G_S + G_{Gas} + G_{Lat}. \tag{3.22}$$

Nach der genauen Analyse der thermischen Verhältnisse für sehr dünne, freitragende Sensorelemente und deren Umgebung können nun die thermisch-elektrische Wandlung im Sensorelement sowie die Ankopplung des empfindlichen Elementes an den Vorverstärker betrachtet werden, die zur Entstehung der Signalspannung am Sensorausgang führen.

3.2.2 Thermisch-elektrische Wandlung

Als Folge der Temperaturänderung im Sensorelement ändert sich aufgrund des pyroelektrischen Effektes die spontane Polarisation im Pyroelektrikum [128]. Dies führt zur Entstehung von Oberflächenladungen und damit zu einem pyroelektrischen Strom i_P, der bei Kurzschluss der Sensorelektroden fließt. Aus der pyroelektrischen Zustandsgleichung

$$\mathrm{d}D = \varepsilon_0 \varepsilon_P \,\mathrm{d}E + p \,\mathrm{d}T_P \tag{3.23}$$

mit der elektrischen Flussdichte D, der Permittivität des Vakuums ε_0, der relativen Permittivität des Pyroelektrikums ε_P, der elektrischen Feldstärke E und dem pyroelektrischen Koeffizienten p kann der aus der Temperaturänderung resultierende

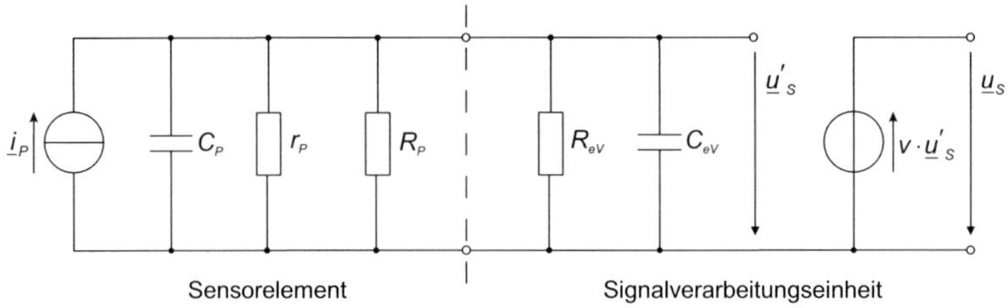

Abb. 3.8: Elektrisches Schaltbild des Sensorelementes mit angekoppelter Signalverarbeitungseinheit im Spannungsbetrieb unter Vernachlässigung der Rauschquellen.

Kurzschlussstrom des Sensorelementes hergeleitet werden [21]. Dabei wird vorausgesetzt, dass die polare Achse des Pyroelektrikums senkrecht zu den Elektroden steht, die Flussdichte in z-Richtung konstant ist und die Elektroden ideal leiten. Unter Einbeziehung von Gl. (3.3) gilt somit für den pyroelektrischen Strom [129]

$$\hat{\underline{i}}_P = j\omega p A_D \underline{\Delta \hat{T}}_{Pm} = \frac{\alpha_S \tau_F \Delta \hat{\Phi}_S}{G_{th}} \frac{j\omega p A_D}{1 + j\omega \tau_{th}}. \tag{3.24}$$

Aus Gl. (3.24) wird deutlich, dass für $\omega = 0$ auch der pyroelektrische Strom Null ist. Ursache sind Ladungsausgleichsvorgänge, die das permanente elektrische Dipolmoment des Pyroelektrikums kompensieren. Als Folge davon sind pyroelektrische Detektoren gleichlichtunempfindlich und reagieren nur auf sich zeitlich ändernde Strahlungsvorgänge. Das empfindliche Element lässt sich elektrisch durch seine Kapazität C_P, seinen Wechselstromwiderstand r_P und seinen Gleichstromwiderstand R_P beschreiben. Diese sind definiert als

$$C_P = \varepsilon_0 \varepsilon_P \frac{A_D}{d_P}, \tag{3.25}$$

$$r_P = \frac{1}{\omega C_P \tan\delta}, \tag{3.26}$$

$$R_P = \frac{\rho_P d_P}{A_D} \tag{3.27}$$

mit dem spezifischen Widerstand ρ_P und dem dielektrischen Verlustfaktor $\tan\delta$ des pyroelektrischen Materials. Damit ergibt sich mit dem pyroelektrischen Kurzschlussstrom nach Gl. (3.24) das in **Abb. 3.8** dargestellte elektrische Schaltbild des Sensorelementes.

3.2.3 Sensorsignalverarbeitungseinheit

Die Kopplung des Sensorelementes an den Vorverstärker kann resistiv, kapazitiv oder direkt erfolgen [21]. Bei allen in dieser Arbeit untersuchten Sensoren wurde die Kopplung über einen ohmschen Kontakt realisiert, wobei die erzielten Kontaktwiderstände typisch kleiner als 2 Ω sind. Daher ist für die nachfolgenden Betrachtungen die Annahme einer direkten Kopplung gerechtfertigt. Als Signalverarbeitungseinheit wird in pyroelektrischen Sensoren am häufigsten ein Spannungsverstärker gewählt, der durch seinen Eingangswiderstand R_{eV}, seine Eingangskapazität C_{eV} und die Verstärkung v charakterisiert ist. Das elektrische Schaltbild eines solchen Vorverstärkers im Spannungsbetrieb ist in **Abb. 3.8** dargestellt. Damit lässt sich die von der absorbierten Strahlungsleistung erzeugte Signalspannung am Sensorausgang ermitteln. Es folgt für die komplexe Amplitude der Signalspannung

$$\underline{\hat{u}}_S = \frac{vR}{1 + j\omega\tau_{el}} \underline{\hat{i}}_P \tag{3.28}$$

mit

$$\tau_{el} = RC, \tag{3.29}$$

$$C = C_P + C_{eV}, \tag{3.30}$$

$$R = R_P \,||\, r_P \,||\, R_{eV} = \frac{R_P r_P R_{eV}}{r_P R_P + r_P R_{eV} + R_P R_{eV}}. \tag{3.31}$$

Unter Verwendung der meist benutzten Effektivwerte ergibt sich für die Signalspannung

$$\tilde{u}_S = \frac{\alpha_S \tau_F \Delta\tilde{\Phi}_S}{G_{th}} \frac{pA_D\,\omega}{\sqrt{1 + \omega^2\tau_{th}^2}} \frac{vR}{\sqrt{1 + \omega^2\tau_{el}^2}}. \tag{3.32}$$

3.3 Sensorkenngrößen

Zur Beurteilung der Leistungsfähigkeit eines pyroelektrischen Infrarotsensors ist die Definition von Detektorkenngrößen notwendig, die das Sensorsignal und den Signal-Rausch-Abstand in Abhängigkeit von der absorbierten Strahlungsleistung geeignet charakterisieren. Im Folgenden werden die wichtigsten Sensorkenngrößen zusammengefasst, die für diese Arbeit von Bedeutung sind. Dabei wird der integrierte Vorverstärker als Bestandteil des Sensors betrachtet.

3.3.1 Strahlungsempfindlichkeit

Die Wandlung der absorbierten Strahlungsleistung in ein elektrisches Ausgangssignal wird quantitativ durch die Strahlungsempfindlichkeit oder kurz Empfindlichkeit R_V des Sensors beschrieben und ergibt sich mit Gl. (3.32) zu

$$R_V = \frac{\tilde{u}_S}{\Delta\tilde{\Phi}_S} = \frac{\alpha_S \tau_F pA_D}{G_{th}} \frac{\omega}{\sqrt{1 + \omega^2\tau_{th}^2}} \frac{vR}{\sqrt{1 + \omega^2\tau_{el}^2}}, \tag{3.33}$$

wobei $\Delta\tilde{\Phi}_S$ und $\tilde{u}_S$ die Effektivwerte des sinusförmigen Strahlungsflusses bzw. der sinusförmigen Signalspannung am Sensorausgang sind. Wird für die Messung der Empfindlichkeit ein schwarzer Strahler verwendet, dann beinhaltet die Strahlung alle Wellenlängen und es wird von schwarzer Empfindlichkeit gesprochen. Umfasst die einwirkende Strahlung hingegen nur den infinitesimalen Wellenlängenbereich dλ um die Wellenlänge λ, dann lässt sich die spektrale Empfindlichkeit

$$R_{V\lambda} = \frac{\tilde{u}_S(\lambda)}{\Delta\tilde{\Phi}_S(\lambda)} \tag{3.34}$$

ermitteln.

3.3.2 Rauschen

Rauschquellen im pyroelektrischen Chip und im Vorverstärker rufen am Sensorausgang eine Rauschspannung hervor, die den minimal nachweisbaren Strahlungsfluss begrenzt. Die prinzipiellen Rauschquellen eines pyroelektrischen Detektors sind [39]

- das Temperaturrauschen (Index T),
- das Johnson-Rauschen des Wechselstromwiderstandes r_P, auch $\tan\delta$-Rauschen genannt (Index D),
- das Johnson-Rauschen des Eingangswiderstandes R_{eV} und des Gleichstromwiderstandes R_P (Index W),
- das Stromrauschen des Vorverstärkers (Index I) und
- das Spannungsrauschen des Vorverstärkers (Index U).

a) Temperaturrauschen

Das Temperaturrauschen entsteht aufgrund des statistischen Charakters des Wärmeaustausches zwischen dem Detektorelement und seiner Umgebung. Im thermischen Gleichgewicht entspricht die rauschäquivalente Leistung dieser Fluktuation dabei der Standardabweichung der Strahlungsleistung [130]. Unter Berücksichtigung der Definition der Strahlungsempfindlichkeit in Gl. (3.33) ergibt sich für den Effektivwert der Rauschspannung am Sensorausgang [1]

$$\tilde{u}_{RT} = \frac{pA_D\sqrt{4k_BT^2B}}{\sqrt{G_{th}}} \frac{\omega}{\sqrt{1+\omega^2\tau_{th}^2}} \frac{vR}{\sqrt{1+\omega^2\tau_{el}^2}}. \tag{3.35}$$

Hierbei bezeichnet k_B die BOLTZMANN-Konstante und B die elektrische Rauschbandbreite.

b) $\tan\delta$-Rauschen

Das pyroelektrische Sensorelement stellt keine ideale Kapazität dar und besitzt eine Wechselstromleitfähigkeit, die durch den dielektrischen Verlustfaktor $\tan\delta$ bestimmt wird. Durch die thermische Bewegung der Ladungsträger entsteht dabei die Wechselstromrauschquelle [18]

$$\tilde{i}_{RD} = \sqrt{4k_BTB\,\omega\,C_P\tan\delta}. \tag{3.36}$$

Mit Gl. (3.28) folgt für den Effektivwert der Rauschspannung am Sensorausgang

$$\tilde{u}_{RD} = \sqrt{4k_B TB\,\omega\,C_P \tan\delta}\;\frac{vR}{\sqrt{1+\omega^2\tau_{el}^2}}. \tag{3.37}$$

c) Widerstandsrauschen

Analog zum Wechselstromwiderstand des Sensorelementes erzeugen auch sein Gleichstromwiderstand R_P sowie der Eingangswiderstand des Vorverstärkers R_{eV} einen Rauschstrom durch die thermische Bewegung der Ladungsträger. Dabei gilt

$$\tilde{i}_{RW} = \sqrt{\frac{4k_B TB}{R_G}} \tag{3.38}$$

mit

$$R_G = R_P \,||\, R_{eV} = \frac{R_P R_{eV}}{R_P + R_{eV}}. \tag{3.39}$$

Für den Effektivwert der Rauschspannung am Sensorausgang folgt schließlich

$$\tilde{u}_{RW} = \sqrt{\frac{4k_B TB}{R_G}}\;\frac{vR}{\sqrt{1+\omega^2\tau_{el}^2}}. \tag{3.40}$$

d) Vorverstärker-Stromrauschen

Das Stromrauschen des Vorverstärkers wird hauptsächlich durch das Schrotrauschen des FET verursacht. Dieses tritt auf, wenn ein elektrischer Strom eine Potentialbarriere, z. B. eine festkörperelektronische Grenzfläche, überwinden muss. Es entsteht, weil sich der Stromfluss aus der Bewegung einzelner Ladungsträger zusammensetzt, welche die Barriere nicht gleichmäßig überwinden. Das Schrotrauschen wird z. B. an p-n-Übergängen und in SCHOTTKY-Dioden beobachtet. Seine spektrale Leistungsdichte ist proportional zum mittleren Stromfluss und es gilt für den Effektivwert des Rauschstromes nach [131, 132]

$$\tilde{i}_{RI} = \sqrt{2eI_g B}, \tag{3.41}$$

wobei e die Elementarladung ist und I_g den Gatestrom des FET beschreibt. Für die äquivalente Rauschspannung am Sensorausgang folgt

$$\tilde{u}_{RI} = \sqrt{2eI_g B}\;\frac{vR}{\sqrt{1+\omega^2\tau_{el}^2}}. \tag{3.42}$$

e) Vorverstärker-Spannungsrauschen

Das Spannungsrauschen des Vorverstärkers wird hauptsächlich aus dem thermischen Kanalrauschen des FET gebildet. Dieser Rauschbeitrag ergibt am Sensorausgang die Rauschspannung

$$\tilde{u}_{RU} = \sqrt{\frac{4k_B T B \gamma}{g_{fs}}} \tag{3.43}$$

mit dem Kanalleitwert g_{fs} und einem von der Vorspannung abhängigen Faktor γ, der für Silizium-SFET im Sättigungsbereich ungefähr 2/3 beträgt [131, 133].

f) Gesamtrauschen

Die betrachteten, nicht miteinander korrelierenden Rauschquellen rufen am Sensorausgang die Gesamtrauschspannung

$$\tilde{u}_R = \sqrt{\tilde{u}_{RT}^2 + \tilde{u}_{RD}^2 + \tilde{u}_{RW}^2 + \tilde{u}_{RI}^2 + \tilde{u}_{RU}^2} \tag{3.44}$$

hervor. Für die Berechnung und Messung des Detektorrauschens ist es jedoch zweckmäßiger, die einzelnen Größen auf eine Rauschbandbreite von 1 Hz zu beziehen. Dabei gilt allgemein [1]

$$\tilde{u}_{Rnx} = \frac{\tilde{u}_{Rx}}{\sqrt{B}}; \qquad x \in \{\mathrm{T, D, W, I, U}\}. \tag{3.45}$$

3.3.3 Thermisches Auflösungsvermögen

Die Empfindlichkeit beinhaltet keinerlei Information über den minimalen Strahlungsfluss, den der Detektor noch nachweisen kann. Um darüber eine Aussage zu bekommen, muss die Größe des Detektorrauschens einbezogen werden. Dabei kann die von den inneren Rauschquellen am Detektorausgang hervorgerufene Rauschspannung $\tilde{u}_R$ über die Definition der Strahlungsempfindlichkeit R_V in eine Rauschleistungsstrahlung am Eingang umgerechnet werden, die rauschäquivalente Strahlungsleistung heißt und mit NEP (noise equivalent power) bezeichnet wird:

$$NEP = \frac{\tilde{u}_R}{R_V} = \frac{\tilde{u}_R \Delta\tilde{\Phi}_S}{\tilde{u}_S}. \tag{3.46}$$

Die NEP entspricht folglich dem Strahlungsfluss am Sensoreingang, der am Sensorausgang eine Signalspannung $\tilde{u}_S$ hervorruft, die gleich der Rauschspannung $\tilde{u}_R$ ist und damit einen Signal-Rausch-Abstand von Eins ergibt. Als Gütemaß für die thermische Auflösung eines Detektors ist die NEP jedoch nicht besonders geeignet, weil sie umgekehrt proportional zur Qualität des Detektors ist. Der Kehrwert der rauschäquivalenten Strahlungsleistung wird als Nachweisvermögen oder Detektivität D bezeichnet:

$$D = \frac{1}{NEP}. \tag{3.47}$$

Dadurch wird erreicht, dass eine größere Detektivität ein höheres thermisches Auflösungsvermögen und damit eine bessere Qualität des Detektors bedeutet. Um eine charakteristische Größe zu erhalten, die zudem von der Signalbandbreite des Detektors unabhängig ist, kann eine normierte Detektivität D' eingeführt werden, indem an Stelle der Rauschspannung $\tilde{u}_R$ die bandbreiteunabhängige, normierte Rauschspannung $\tilde{u}_{Rn}$ eingesetzt wird:

$$D' = \frac{\tilde{u}_S}{\tilde{u}_{Rn} \Delta \tilde{\Phi}_S} = \frac{R_V}{\tilde{u}_{Rn}} \tag{3.48}$$

mit

$$\tilde{u}_{Rn} = \frac{\tilde{u}_R}{\sqrt{B}}. \tag{3.49}$$

Damit der Einfluss der unterschiedlichen Rauschquellen auf das thermische Auflösungsvermögen pyroelektrischer Einelementsensoren im Detail untersuchen werden kann, ist es sinnvoll, analog zur Aufteilung der normierten Rauschspannung $\tilde{u}_{Rn}$ in einzelne, von den jeweiligen Rauschquellen hervorgerufene Anteile $\tilde{u}_{Rnx}$ auch Anteile D'_x der normierten Detektivität zu definieren. Nach Gl. (3.48) können diese mit der Gl. (3.33) für die Empfindlichkeit R_V berechnet werden und sind in **Tab. 3.1** zusammengefasst. Für die gesamte normierte Detektivität gilt dann

$$D' = \sqrt{\frac{1}{\sum_x \left(\frac{1}{D'_x}\right)^2}}; \qquad x \in \{\mathrm{T, D, W, I, U}\}. \tag{3.55}$$

Tab. 3.1: Anteile D'_x an der normierten Gesamtdetektivität D'.

Rauschquelle	D'_x	
Temperatur	$D'_T = \alpha_S \tau_F \sqrt{\frac{1}{4 k_B T^2 G_{th}}}$	(3.50)
$\tan\delta$	$D'_D = \frac{\alpha_S \tau_F p}{c'_P \sqrt{d_P}} \sqrt{\frac{\omega \tau_{th}^2}{4 k_B T\, \varepsilon_0 \varepsilon_P A_D \tan\delta\, (1+\omega^2 \tau_{th}^2)}}$	(3.51)
Widerstand	$D'_W = \frac{\alpha_S \tau_F p}{c'_P\, d_P} \sqrt{\frac{\omega^2 \tau_{th}^2 R_G}{4 k_B T\, (1+\omega^2 \tau_{th}^2)}}$	(3.52)
Vorverstärker-Stromrauschen	$D'_I = \frac{\alpha_S \tau_F p}{c'_P\, d_P\, \tilde{i}_{RnI}} \sqrt{\frac{\omega^2 \tau_{th}^2}{(1+\omega^2 \tau_{th}^2)}}$	(3.53)
Vorverstärker-Spannungsrauschen	$D'_U = \frac{\alpha_S \tau_F p}{c'_P\, d_P\, \tilde{u}_{RnU}} \sqrt{\frac{\omega^2 \tau_{th}^2}{(1+\omega^2 \tau_{th}^2)}} \frac{vR}{\sqrt{1+\omega^2 \tau_{el}^2}}$	(3.54)

An dieser Stelle sei noch erwähnt, dass die Anteile D'_T, D'_D, D'_W und D'_I unabhängig von der Vorverstärkerausführung (Spannungs- oder Strombetrieb) sind [20]. Bei Erfüllung der Bedingungen $\omega^2\tau_{el}^2 \gg 1$, $C_P \gg C_{eV}$ und $C_P \gg C_{GK}$ gilt dies auch für den Anteil D'_U. Im Strombetrieb tritt jedoch noch ein zusätzlicher Rauschanteil auf, der durch das thermische Rauschen des Gegenkopplungswiderstandes R_{GK} verursacht wird (vgl. **Abb. 3.2**).

In der Fachliteratur sowie in Datenblättern von pyroelektrischen Detektoren wird meist die spezifische Detektivität D^* verwendet. Diese ist zusätzlich auf die Detektorfläche A_D normiert, weil die Rauschprozesse als gleichmäßig verteilt über die Detektorfläche angenommen werden. Dabei ist die Rauschleistung proportional zu A_D und es folgt für die spezifische Detektivität [120]

$$D^* = \frac{R_V\sqrt{A_D}}{\tilde{u}_{Rn}}. \tag{3.56}$$

Damit ist ein Vergleich von Sensoren mit unterschiedlich großen Detektorflächen und unterschiedlicher Herstellungstechnologie möglich. Da aber die Rauschleistungsanteile des Vorverstärkers nicht proportional zur Detektorfläche sind, ist die Verwendung der spezifischen Detektivität folglich nur zulässig, wenn die vom Sensorchip herrührenden Rauschanteile dominieren. Bei Einsatz eines sehr rauscharmen Vorverstärkers kann dies für einen eingeschränkten Frequenzbereich erfüllt sein.

3.3.4 Beschleunigungsempfindlichkeit

Jedes pyroelektrische Material weist auch piezoelektrische Eigenschaften auf [128]. Als Folge des piezoelektrischen Effektes werden bei einer elastischen Verformung des Materials elektrische Ladungen verschoben. Externe mechanische Anregungen, verursacht z. B. durch den zur Strahlungsmodulation notwendigen Chopper, führen somit zur Entstehung von zusätzlichen, unerwünschten elektrischen Ladungen an den Sensorelektroden. Diese Störsignale begrenzen die Leistungsfähigkeit des Detektors. Der Effekt wird als Beschleunigungsempfindlichkeit oder Mikrofonie-Effekt bezeichnet. Wird ein Sensor im unbestrahlten Zustand einer sinusförmigen Beschleunigung mit dem Effektivwert $\tilde{a}$ ausgesetzt, dann lässt sich aus dem Effektivwert der Sensorausgangsspannung $\tilde{u}_{SB}$ die Beschleunigungsempfindlichkeit bestimmen mit

$$R_{VB} = \frac{\tilde{u}_{SB}}{\tilde{a}}. \tag{3.57}$$

Die maximal auftretende Beschleunigungsempfindlichkeit R_{VBmax} ergibt sich dabei aus den Anteilen der drei möglichen Anregungsrichtungen x, y und z zu

$$R_{VBmax} = \sqrt{R_{VBx}^2 + R_{VBy}^2 + R_{VBz}^2}, \tag{3.58}$$

wobei für pyroelektrische Sensoren insbesondere die Störbeschleunigungen in z-Richtung, d. h. senkrecht zu den Sensorelektroden, bedeutsam sind, weil sie den größten Mikrofoniebeitrag hervorrufen [134].

3.4 Erhöhung der thermischen Auflösung

Auf Grundlage der mathematisch-physikalischen Analyse aus den vorangegangenen Abschnitten wird im Folgenden untersucht, durch welche Maßnahmen eine maximale Steigerung der thermischen Auflösung $LiTaO_3$-basierter Einelementsensoren erreicht werden kann. Bei Betrachtung der Detektivitätsanteile D'_x in **Tab. 3.1** ist ersichtlich, dass dabei nicht nur geometrisch-konstruktive Sensorparameter sondern auch Materialkenngrößen des Pyroelektrikums sowie Kenngrößen des Vorverstärkers von Bedeutung sind. Der Transmissionsgrad des Eintrittsfenster soll dabei vernachlässigt werden und wird deshalb als Eins angenommen. Alle den Berechnungen in dieser Arbeit zu Grunde liegenden Materialdaten und sonstige Werte sind im Anhang B zusammengefasst.

3.4.1 Auflösungsgrenze

Die Wärmeabfuhr durch Strahlung ist prinzipiell unvermeidbar und stellt den theoretischen Minimalwert der Wärmeleitung entsprechend Gl. (3.9) dar. Unter Berücksichtigung des KIRCHHOFFschen Strahlungsgesetzes ($\alpha_S = \epsilon_S$) ergibt sich dann mit Gl. (3.50) für den durch Wärmestrahlung verursachten Anteil D'_{T_S} der normierten Detektivität

$$D'_{T_S} = D'_{Limit} = \tau_F \sqrt{\frac{\alpha_S}{16 k_B \sigma A_D T^5}}, \tag{3.59}$$

der auch gleichzeitig den theoretischen Maximalwert D'_{Limit} und damit die Auflösungsgrenze darstellt, wenn alle weiteren Rauschquellen vernachlässigt werden. Für ein vollständig absorbierendes Pyroelektrikum ($\alpha_S = 1$) und einen Transmissionsgrad des Eintrittsfensters $\tau_F = 1$ ist dieser Grenzwert außer von Naturkonstanten und der Temperatur nur von der Detektorfläche abhängig. Für $T = 300$ K folgt schließlich

$$D'_{Limit} = D^*_{Limit} \sqrt{\frac{1}{A_D}} = 1,81 \cdot 10^{10}\ \mathrm{cm\,Hz^{1/2}\,W^{-1}} \sqrt{\frac{1}{A_D}} \tag{3.60}$$

mit dem flächenunabhängigen Grenzwert

$$D^*_{Limit} = \tau_F \sqrt{\frac{\alpha_S}{16 k_B \sigma T^5}} \tag{3.61}$$

der spezifischen Detektivität D^*.

3.4.2 Materialkenngrößen des Pyroelektrikums

Das Pyroelektrikum nimmt als eigentliches Wandlerelement im pyroelektrischen Sensor eine zentrale Stellung ein. Wie aus der mathematisch-physikalischen Analyse hervorgeht, beeinflussen bestimmte Materialeigenschaften die Leistungsfähigkeit des Detektors. Das sind insbesondere der pyroelektrische Koeffizient p, die volumenspezifische Wärmekapazität c'_P, die Permittivität ε_P und der dielektrische Verlustfaktor $\tan\delta$.

Diese Materialkonstanten bestimmen in unterschiedlicher Kombination die einzelnen Detektivitätsanteile D'_x (vgl. **Tab. 3.1**). In der Literatur werden diese Kombinationen als sensorspezifische Materialkenngrößen M_x bezeichnet [20, 135]. Aus der Gl. (3.51) für den praktisch bedeutsamen Anteil D'_D ergibt sich die Materialkenngröße M_D zu

$$M_D = \frac{p}{c'_P \sqrt{\varepsilon_P} \tan\delta}. \tag{3.62}$$

Analog dazu folgen für die Anteile D'_W, D'_I und D'_U die Materialkenngrößen

$$M_W = \frac{p}{c'_P}, \tag{3.63}$$

$$M_I = \frac{p}{c'_P}, \tag{3.64}$$

$$M_U = \frac{p}{c'_P \varepsilon_P}. \tag{3.65}$$

Da nicht nur hohe, sondern auch langzeitstabile und temperaturunabhängige Werte von Empfindlichkeit und Detektivität gefordert sind, müssen die sensorspezifischen Materialkenngrößen neben großen Werten auch eine gute Langzeitstabilität und geringe Temperaturabhängigkeit aufweisen. Diese Anforderungen werden von $LiTaO_3$ hervorragend erfüllt [24]. Im Interesse eines hohen thermischen Auflösungsvermögens ist dabei vor allem ein hoher Wert der Materialkenngröße M_D anzustreben, da sie zum einen alle relevanten Materialparameter enthält und zum anderen das $\tan\delta$-Rauschen gewöhnlich die dominierende Rauschquelle in hochdetektiven pyroelektrischen Sensoren darstellt [35]. Wie aus der Übersicht in **Tab. 3.2** hervorgeht, besitzt $LiTaO_3$ im Vergleich zu anderen pyroelektrischen Materialien einen recht hohen M_D-Wert. Dieser ist insbesondere auf einen äußerst geringen dielektrischen Verlustfaktor $\tan\delta$ zurückzuführen, der typischerweise etwa eine Größenordnung geringer als bei anderen Pyroelektrika ist. Generell ist anzumerken, dass $\tan\delta$ eine Materialkenngröße ist, die sehr stark durch die Herstellungstechnologie beeinflusst wird. Hohe Reinheit und Kristallperfektion sind Voraussetzung für niedrige Werte. Als Folge dessen können die

Tab. 3.2: Pyroelektrische Materialien und ihre M_D-Werte im Vergleich [18, 20, 35, 48, 49, 51, 65, 136].

Pyroelektrisches Material	M_D in 10^{-8} C cm J^{-1}
Polyvinylidenfluorid (PVDF)	0,2 … 1,0
Blei-Zirkonat-Titanat (PZT)	0,5 … 1,6
Bleigermanat ($Pb_5Ge_3O_{11}$)	1,8 … 2,6
Strontium-Barium-Niobat (SBN)	2,1 … 2,6
Triglycinsulfat (TGS)	1,8 … 3,6*
Lithiumniobat ($LiNbO_3$)	1,6 … 3,7
Lithiumtantalat ($LiTaO_3$)	2,7 … 10,5

* Mit modifiziertem TGS wurden Werte bis zu $14 \cdot 10^{-8}$ C cm J^{-1} erreicht [21].

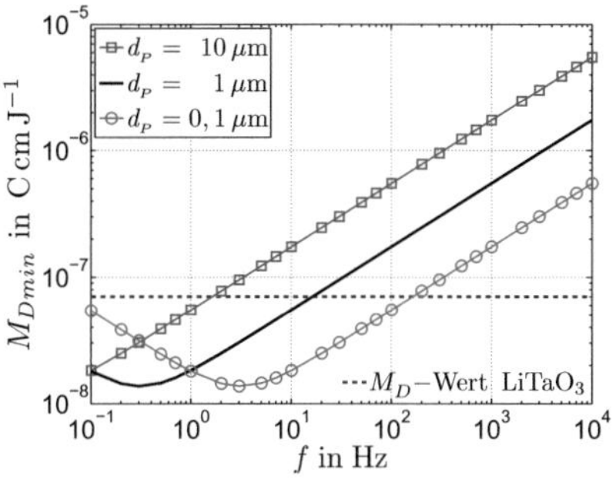

Abb. 3.9: M_D-Wert des verwendeten $LiTaO_3$-Volumenmaterials im Vergleich zum Frequenzgang des zum Erreichen hoher D'-Werte notwendigen Minimalwertes M_{Dmin} für unterschiedliche Sensorelementdicken d_P. $\alpha_S = 1$, $T = 300$ K.

$\tan\delta$-Werte eines Materials stark schwanken, was zu der teils breiten Streuung der in der Literatur angegebenen M_D-Werte beiträgt. Für das in dieser Arbeit verwendete $LiTaO_3$-Volumenmaterial ergibt sich ein M_D-Wert von etwa $7,1 \cdot 10^{-8}$ C cm J^{-1} (vgl. Anhang B).

Um überprüfen zu können, ob das Material die notwendigen Voraussetzungen zum Erreichen einer sehr hohen thermischen Auflösung erfüllt, lässt sich eine untere Grenze der Materialkenngröße M_{Dmin} berechnen, die notwendig ist, damit Werte nahe der Auflösungsgrenze erreicht werden können. Diese ergibt sich aus der Forderung $D'_D \geq D'_{T_S}$, d. h. dass das $\tan\delta$-Rauschen kleiner als das Strahlungsrauschen wird. Mit den Gln. (3.51), (3.59), (3.62) und (3.9) folgt damit

$$M_{Dmin} = \sqrt{\frac{4\alpha_S\sigma\varepsilon_0 T^2}{\omega d_P {c'_P}^2} + \frac{\omega\varepsilon_0 d_P}{4\alpha_S\sigma T^4}}. \tag{3.66}$$

Als Ergebnis lässt sich festhalten, dass das verwendete $LiTaO_3$-Volumenmaterial die notwendigen Anforderungen zum Erreichen von Detektivitätswerten nahe der Auflösungsgrenze erfüllt (**Abb. 3.9**). Die Sensorelementdicke bestimmt dabei den Modulationsfrequenzbereich für den das gilt. Dieser verschiebt sich mit der Verringerung der Sensorelementdicke zu höheren Frequenzen.

3.4.3 Kenngrößen der Signalverarbeitungseinheit

Wie bereits hergeleitet wurde, beeinflussen einige Vorverstärkereigenschaften die Sensorkenngrößen (vgl. **Tab. 3.1**). Dies betrifft insbesondere das Stromrauschen $\tilde{i}_{RnI}$ und das Spannungsrauschen $\tilde{u}_{RnU}$ des verwendeten SFET sowie den Eingangswiderstand R_{eV}. Die Eingangskapazität C_{eV} ist zwar prinzipiell auch eine wichtige Kenngröße, kann aber gewöhnlich vernachlässigt werden, da sie meist nur wenige pF beträgt und damit wesentlich kleiner als die Sensorelementkapazität C_P herkömmlicher Einelementsensoren ist. Da die Detektivität bei hohen Modulationsfrequenzen wegen $D'_U \sim 1/\omega$

Tab. 3.3: Vergleich der sensorrelevanten Kenngrößen sehr rauscharmer n-Kanal-SFET.

SFET	$\tilde{i}_{RnI}$(10 Hz) in fA Hz$^{-1/2}$	$\tilde{u}_{RnU}$(1 kHz) in nV Hz$^{-1/2}$	C_{eV} in pF
Vishay Siliconix 2N4339*	0,8	6,0	5,0
Moxtek MX-16	0,36	1,0	4,0
Moxtek MX-120	0,25	1,2	1,7
Moxtek MX-30	0,18	2,4	0,6
Toshiba 2SK170	0,2	1,0	30,0

* In kommerziellen Sensoren werden SFET mit ähnlichen Eigenschaften eingesetzt.

durch den Anteil D'_U und bei niedrigen Modulationsfrequenzen wegen $D'_I \sim \omega$ und $D'_W \sim \omega$ durch die Anteile D'_I und D'_W bestimmt wird (vgl. **Tab. 3.1**), müssen für eine hohe thermische Auflösung folglich das Strom- und Spannungsrauschen des SFET sehr gering und der Eingangswiderstand möglichst groß sein. Beim Vergleich der sensorrelevanten Kenngrößen sehr rauscharmer n-Kanal-SFET zeigt sich, dass prinzipbedingt ein niedriges Spannungsrauschen mit einem höheren Stromrauschen und umgekehrt verbunden ist (**Tab. 3.3**). Für eine maximale thermische Auflösung muss die Auswahl folglich mitunter in Abhängigkeit vom Einsatzfrequenzbereich getroffen werden. Einen guten Kompromiss stellt hier der Typ 2SK170 von Toshiba dar, der auch im Rahmen der Arbeit zum Einsatz kommt. Simulationsergebnisse zeigen, dass die thermische Auflösung mit diesem SFET gegenüber einem in kommerziellen Sensoren standardmäßig verwendeten SFET gesteigert werden kann (**Abb. 3.10**).

Nachteilig ist die im Vergleich zu anderen SFET sehr hohe Eingangskapazität des 2SK170, welche eine Verwendung in herkömmlichen Sensoren nicht gestattet. Ist die

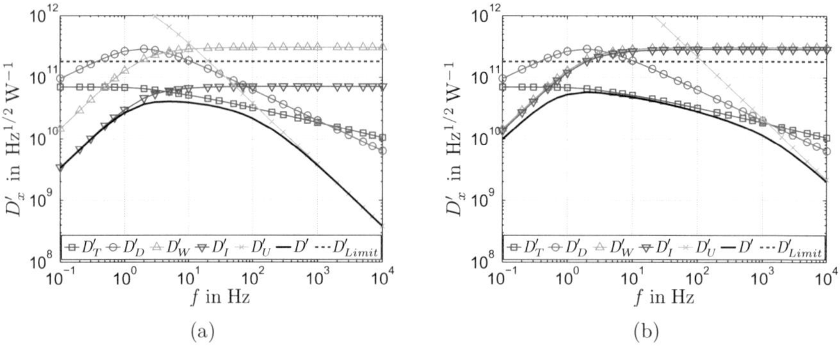

Abb. 3.10: Berechnete normierte Detektivität eines $LiTaO_3$-Detektors mit freitragendem Sensorelement im Vakuum für unterschiedliche SFET: (a) Vishay 2N4339 und (b) Toshiba 2SK170. $A_D = 1$ mm^2, $d_P = 1$ µm, $\alpha_S = \tau_F = 1$.

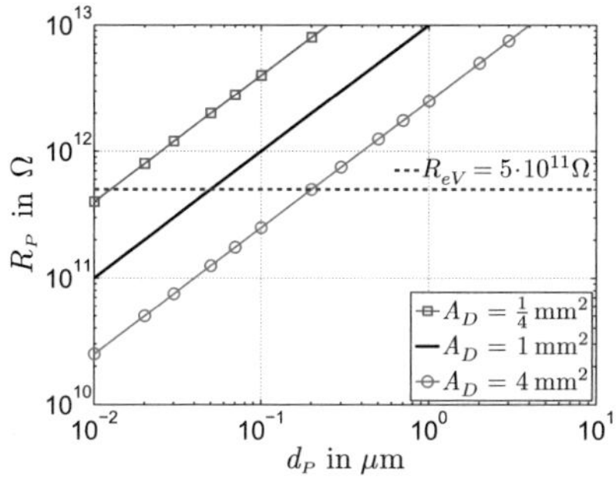

Abb. 3.11: Abhängigkeit des Gleichstromwiderstandes R_P des $LiTaO_3$-Volumenmaterials von der Sensorelementdicke d_P für unterschiedliche Detektorflächen.

Sensorelementkapazität nicht größer als die Eingangskapazität des Vorverstärkers, dann verringert sich die Empfindlichkeit und folglich auch die thermische Auflösung (vgl. Gl. (3.33) für $\omega^2\tau_{el}^2 \gg 1$). Für die in dieser Arbeit angestrebten Sensoren mit einer empfindlichen Fläche von (1 x 1) mm² und einer Schichtdicke von weniger als 2 µm ist die Sensorelementkapazität mit $C_P > 195$ pF hingegen wesentlich größer als die Eingangskapazität des 2SK170, so dass die Sensorkenngrößen nicht davon beeinträchtigt werden.

Für den Eingangswiderstand R_{eV} des Vorverstärkers ist schließlich ein Wert von etwa $5 \cdot 10^{11}\ \Omega$ ausreichend, weil dann der Detektivitätsanteil D'_W bereits größer als der vom Stromrauschen verursachte Anteil D'_I ist. Größere Werte bringen keine nennenswerte Verbesserung mehr. Im Rahmen der Arbeit wird deshalb ein Eingangswiderstand von $5 \cdot 10^{11}\ \Omega$ verwendet. Der Detektivitätsanteil D'_W wird gewöhnlich vom Eingangswiderstand des Vorverstärkers bestimmt, weil der spezifische Widerstand von $LiTaO_3$ ($\rho \approx 10^{13}\ \Omega$m [24]) und damit der Gleichstromwiderstand R_P des Sensorelementes sehr hoch ist. Wegen $R_P \sim d_P$ ist mit der Verringerung der Sensorelementdicke eine Verringerung des Gleichstromwiderstandes R_P verbunden (vgl. Gl. (3.27)). Dabei kann R_P für sehr dünne Sensorelemente kleiner als R_{eV} werden (**Abb. 3.11**), wodurch er den Detektivitätsanteil D'_W bestimmt. Für typische Größen der Detektorfläche ($A_D \leq 4$ mm²) und realistische Sensorelementdicken ($d_P > 0{,}2$ µm) tritt dies jedoch nicht ein. Darüber hinaus zeigen die Simulationsergebnisse in **Abb. 3.10b**, dass mit dem gewählten Vorverstärker und den angestrebten Sensorelementdicken von etwa 1 µm im Frequenzbereich von (1 . . . 1000) Hz die Rauschquellen des Sensorchips (Temperaturrauschen und $\tan\delta$-Rauschen) dominieren und der Vorverstärker nicht die Leistungsfähigkeit des Sensors begrenzt.

3.4.4 Geometrisch-konstruktive Sensorparameter

Ein angemessen hoher M_D-Wert sowie ein sehr rauscharmer Vorverstärker sind notwendige, aber nicht hinreichende Bedingungen für das Erreichen einer sehr hohen thermischen Auflösung. Darüber hinaus ist ein geeignetes Chipdesign erforderlich, weil

Tab. 3.4: Zusammenhang zwischen den D'_x-Anteilen und den geometrisch-konstruktiven Sensorparametern sowie der Modulationskreisfrequenz für $C_P \gg C_{eV}$, $R_P \gg R_{eV}$ und $\omega^2\tau_{el}^2 \gg 1$, was im interessierenden Frequenzbereich als erfüllt angesehen werden kann [20].

$(\omega\tau_{th})^2 \ll 1$	$(\omega\tau_{th})^2 \gg 1$
$D'_T \sim \alpha_S\sqrt{\frac{1}{G_{th}}}$	$D'_T \sim \alpha_S\sqrt{\frac{1}{G_{th}}}$
$D'_D \sim \frac{\alpha_S\sqrt{d_P\,\omega A_D}}{G_{th}}$	$D'_D \sim \frac{\alpha_S}{\sqrt{d_P\,\omega A_D}}$
$D'_W \sim \frac{\alpha_S\,\omega A_D}{G_{th}}$	$D'_W \sim \frac{\alpha_S}{d_P}$
$D'_I \sim \frac{\alpha_S\,\omega A_D}{G_{th}}$	$D'_I \sim \frac{\alpha_S}{d_P}$
$D'_U \sim \frac{\alpha_S\,d_P}{G_{th}}$	$D'_U \sim \frac{\alpha_S}{\omega A_D}$

geometrisch-konstruktive Sensorparameter existieren, die im direkten Zusammenhang mit der Detektorleistung stehen (**Tab. 3.4**). Diese sind

- die Dicke d_P des Sensorelementes,
- die strahlungsempfindliche Fläche A_D des Detektors,
- der thermische Leitwert G_{th} vom Sensorelement zur Umgebung sowie
- der Absorptionsgrad α_S des Sensorelementes.

Ihre Wirkung auf das thermische Auflösungsvermögen soll im Folgenden für typische Größen der Detektorfläche $A_D = (0,25\ldots 4)\ \text{mm}^2$ von Einelementsensoren näher untersucht werden. Als Berechnungsgrundlage dient dazu das Modell eines dünnen, freitragenden Sensorelementes nach **Abb. 3.7**, das von Luft umgeben ist. Der Durchmesser des abgedünnten Bereiches soll dabei 1 mm größer als die strahlungsempfindliche Sensorfläche sein. Der dickere Chiprahmen, welcher die Wärmesenke darstellt, ist folglich $0,5$ mm vom Rand des Sensorelementes entfernt. Alle weiteren Simulationsparameter sind im Anhang B zusammengefasst.

Der Zusammenhang zwischen dem Absorptionsgrad α_S des Sensorelementes und der Detektorleistung ist leicht ersichtlich. Wie aus **Tab. 3.4** hervorgeht, ist α_S direkt proportional zu allen D'_x-Anteilen und sollte daher möglichst groß sein. Für die folgenden Untersuchungen wird deshalb $\alpha_S = 1$ angenommen. Aus der Definition der thermischen Auflösungsgrenze in Gl. (3.59) folgt allgemein, dass mit kleineren Detektorflächen größere Detektivitäten erreicht werden können. Unabhängig von der Größe der Detektorfläche ist eine maximale Steigerung der Detektivität jedoch nur

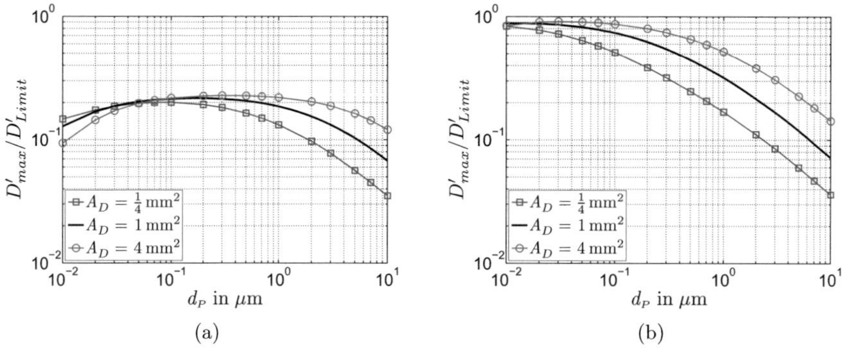

Abb. 3.12: Abhängigkeit des Maximalwertes D'_{max} der normierten Detektivität von der Schichtdicke d_P eines $LiTaO_3$-Detektors mit freitragendem Sensorelement für (a) Luft und (b) Vakuum. $\alpha_S = \tau_F = 1$.

mit der Verringerung der Sensorelementdicke und des thermischen Leitwertes möglich (**Abb. 3.12**). Letzterer wird dabei wesentlich von der Detektorfläche A_D und der Sensorelementdicke d_P beeinflusst, wobei für die thermischen Einzelleitwerte nach den Gln. (3.9), (3.14) und (3.20) gilt:

$$G_S \sim A_D, \tag{3.67}$$

$$G_{Gas} \sim A_D, \tag{3.68}$$

$$G_{Lat} \sim d_P. \tag{3.69}$$

Für dicke Sensorelemente dominiert die laterale Wärmeleitung im Sensorchip (**Abb. 3.13**). Mit der Verringerung der Sensorelementdicke wird der thermische Leitwert G_{Lat} kleiner. Dadurch steigt der Einfluss der Wärmeleitung über das umgebende Gas und stellt schließlich für Schichtdicken im Bereich von 1 µm und weniger den dominierenden Wärmeaustauschmechanismus für ein freitragendes Sensorelement dar. Die maximal erreichbare Detektivität beträgt dabei nur etwa $^1/_5$ bis $^1/_6$ des theoretischen Grenzwertes (**Abb. 3.12a**). Folglich ist für eine maximale Steigerung der thermischen Auflösung eine Evakuierung des Detektorgehäuses zwingend notwendig. Dadurch sind Werte nahe der Auflösungsgrenze möglich, wenn die Sensorelementdicke weniger als $0,2$ µm beträgt (**Abb. 3.12b**).

Für derart dünne Sensorelemente ist der laterale Wärmeleitungsbeitrag sehr gering und kann bei niedrigen Modulationsfrequenzen sogar kleiner als der durch Wärmestrahlung verursachte Minimalwert G_S sein, wie aus **Abb. 3.13c** für ein $0,1$ µm dickes Sensorelement mit einer empfindlichen Fläche von 1 mm² hervorgeht. Weil für Werte der normierten Detektivität nahe der Auflösungsgrenze die laterale Wärmeleitung G_{Lat} kleiner als die Wärmeleitung G_S über Wärmestrahlung sein muss ($G_{Lat} \leq G_S$), lässt sich hierzu die Grenzmodulationsfrequenz f_g, bei der $G_{Lat} = G_S$ gilt, für unterschiedliche Detektorflächen in Abhängigkeit von der Sensorelementdicke

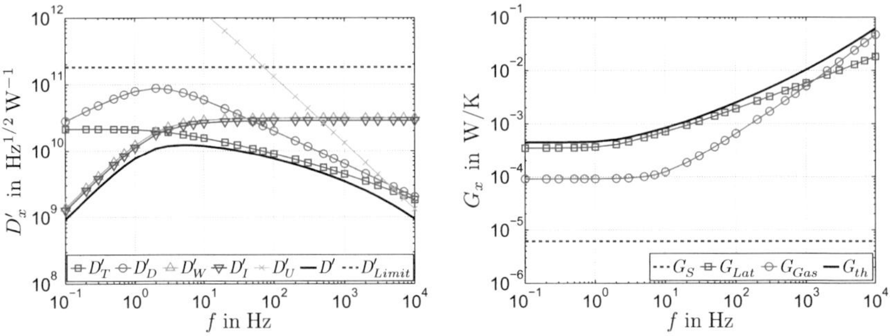

(a)

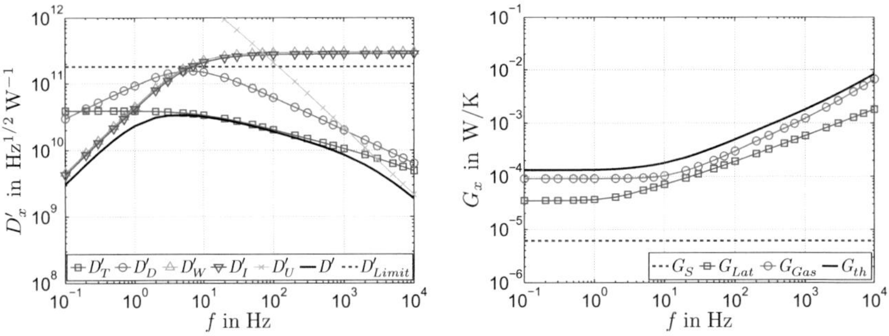

(b)

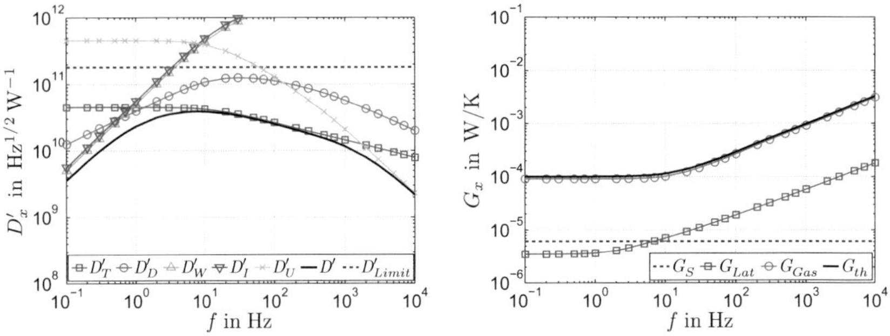

(c)

Abb. 3.13: Berechnete Frequenzgänge der D'_x-Anteile und Wärmeleitungsbeiträge G_x für einen $LiTaO_3$-Detektor mit freitragendem Sensorelement in Abhängigkeit von der Schichtdicke d_P: (a) 10 µm, (b) 1 µm und (c) 0,1 µm. $A_D = 1$ mm², $\alpha_S = \tau_F = 1$.

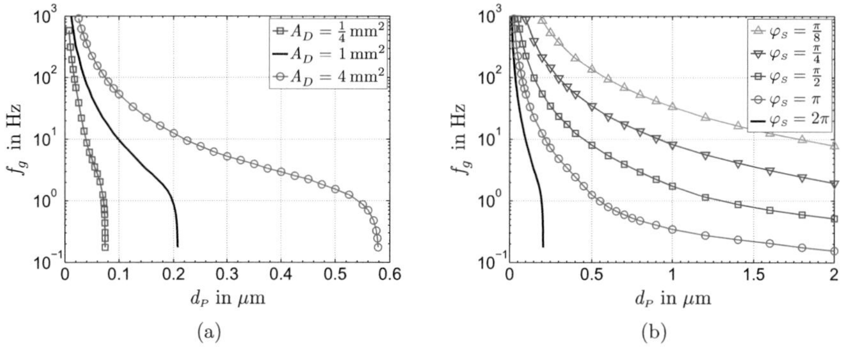

Abb. 3.14: Berechneter Verlauf der Grenzfrequenz f_g, bei der $G_{Lat} = G_S$ gilt, für einen $LiTaO_3$-Detektor mit freitragendem Sensorelement für (a) verschiedene Detektorflächen A_D ohne Isolationsgraben und (b) unterschiedliche Stegbreiten φ_S bei vorhandenem Isolationsgraben für $A_D = 1$ mm².

berechnen (**Abb. 3.14a**). Weil für alle Modulationsfrequenzen $f < f_g$ der thermische Leitwert G_{Lat} kleiner als der Minimalwert G_S ist, sollte diese Grenzfrequenz möglichst hoch sein (typisch > 10 Hz). Das erfordert die bereits erwähnten Sensorelementdicken von weniger als $0,2$ µm. Die Herstellung solch ultradünner, freitragender Sensorelemente aus einem $LiTaO_3$-Einkristall ist jedoch mit gegenwärtigen Technologien nicht realisierbar, so dass stattdessen Werte im Bereich um 1 µm angestrebt werden. Dabei hat die Größe der Sensorfläche einen wesentlichen Einfluss auf die mechanische Stabilität und damit auch auf die minimale Schichtdicke. Ist der Abstand zur Wärmesenke zudem geringer als die hier betrachteten $0,5$ mm, erhöht sich der thermische Leitwert G_{Lat} und f_g wird zu tieferen Frequenzen verschoben. Folglich kann die laterale Wärmeleitung nicht vernachlässigt werden und muss für eine maximale Steigerung der Detektivität durch einen thermischen Isolationsgraben entsprechend **Abb. 3.7** verringert werden. In Abhängigkeit von der Breite des Steges, an dem das Sensorelement aufgehangen ist, wird der thermische Leitwert G_{Lat} reduziert und f_g zu höheren Frequenzen verschoben (**Abb. 3.14b**). Aufgrund der Annahme einer rotationssymmetrischen Anordnung ist die Stegbreite hierbei durch den Winkel φ_S charakterisiert. Dabei kann eine minimale Stegbreite von etwa 1/8 des Umfangs des Sensorelementes, was $\varphi_S = \pi/4$ entspricht, als praktisch realisierbar angenommen werden [126]. Für einen Detektor mit einer empfindlichen Fläche von $A_D = 1$ mm² darf in diesem Fall die Dicke des Sensorelementes maximal $0,9$ µm betragen, damit die Bedingung $G_{Lat} \leq G_S$ für Frequenzen bis 10 Hz erfüllt ist. Für höhere Frequenzen oder kleinere Detektorflächen muss das Sensorelement entsprechend dünner sein. Damit erscheint es durchaus als realistisch, das Temperaturrauschen zumindest für niedrige Modulationsfrequenzen bis auf den Wert des Strahlungsrauschens reduzieren zu können.

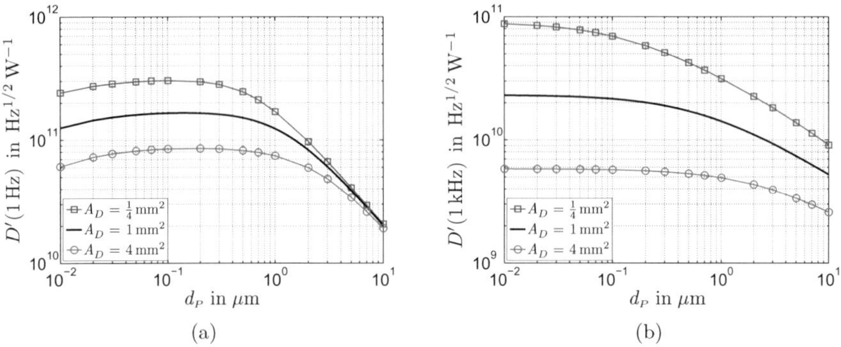

Abb. 3.15: Berechnete normierte Detektivität D' in Abhängigkeit von der Schichtdicke eines $LiTaO_3$-Detektors mit freitragendem Sensorelement im Vakuum und thermischem Isolationsgraben ($\varphi_S = \pi/4$) für (a) $f = 1$ Hz und (b) $f = 1$ kHz.

Für viele Anwendungen in der berührungslosen Temperaturmessung ist eine hohe Detektivität bei hohen Modulationsfrequenzen (typisch $f = (50 \ldots 1000)$ Hz) gefordert [137]. Mit der Verringerung der Sensorelementdicke und des thermischen Leitwertes wird die Detektivität jedoch vorwiegend im unteren und mittleren Frequenzbereich gesteigert. Bei hohen Frequenzen wird sie wegen $D'_U \sim 1/\omega$ vom Anteil D'_U begrenzt, der hier unabhängig von d_P und G_{th} ist (vgl. **Tab. 3.4**). Da aber $D'_U \sim 1/A_D$ gilt, hat die Größe der Detektorfläche Einfluss auf die erreichbare thermische Auflösung bei hohen Modulationsfrequenzen (**Abb. 3.15**). In der Praxis kann die strahlungsempfindliche Fläche jedoch nicht beliebig klein gewählt werden. So muss z. B. bei einem Pyrometer sichergestellt sein, dass der gewünschte Messfleck genau auf dem Sensorelement abgebildet wird. Aufgrund von Fertigungstoleranzen steigt dabei die Gefahr einer Fehljustierung, wenn die Detektorfläche sehr klein ist. Standardmäßig werden deshalb meist Sensoren mit $A_D \geq 1$ mm² eingesetzt. Folglich ist für eine maximale thermische Auflösung bei hohen Modulationsfrequenzen ein Vorverstärker mit sehr geringem Spannungsrauschen notwendig.

3.5 Zusammenfassung

Abschließend lassen sich die folgenden wesentlichen Anforderungen für eine maximale Steigerung der thermischen Auflösung $LiTaO_3$-basierter Einelementsensoren mit freitragendem Sensorelement zusammenfassen:

- Verwendung eines sehr rauscharmen Vorverstärkers, der aus einem SFET mit besonders geringem Strom- und Spannungsrauschen (2SK170) sowie einem Höchstohmwiderstand mit $R_{eV} \geq 5 \cdot 10^{11}\ \Omega$ besteht
- Reduzierung der Sensorelementdicke auf Werte $d_P \leq 1$ µm für Sensorflächen $A_D \leq 4$ mm²

- Evakuierung des Detektorgehäuses zur Vermeidung der thermischen Verluste über das umgebende Gas
- Einbringen eines thermischen Isolationsgrabens zur Verringerung der lateralen Wärmeleitung.
- Maximierung des Absorptionsvermögens der ultradünnen Sensorelemente durch Aufbringen einer sehr dünnen Absorptions- oder Antireflexionsschicht

Hinsichtlich des pyroelektrischen Materials lässt sich festhalten, dass die Materialparameter des verwendeten $LiTaO_3$-Volumenmaterials grundsätzlich das Erreichen der Auflösungsgrenze ermöglichen. Aus der Literatur ist jedoch bekannt, dass sich der dielektrische Verlustfaktor $\tan\delta$ mit der Verringerung der Sensorelementdicke erhöhen kann [24, 138]. Deshalb ist bei der Herstellung ultradünner Sensorelemente insbesondere auf eine schonende Kristallbearbeitung zu achten. Eine Erhöhung des $\tan\delta$ hätte eine Verringerung der thermischen Auflösung bei mittleren bis hohen Modulationsfrequenzen zur Folge (vgl. **Abb. 3.13**). Die Simulationsergebnisse zeigen außerdem, dass das Maximum der thermischen Auflösung im Frequenzbereich $f = (1 \ldots 10)$ Hz auftritt. Für sehr dünne Sensorelemente ($d_P \leq 2$ µm) und den gewählten Vorverstärker ist zudem die Verwendung der spezifischen Detektivität im Frequenzbereich $f = (1 \ldots 1000)$ Hz erlaubt, weil hier Rauschanteile des Sensorelementes dominieren.

Ziel ist es nun, die thermische Auflösung von $LiTaO_3$-Einelementsensoren dem theoretischen Grenzwert nahe zu bringen. Das Hauptaugenmerk liegt dabei in der Herstellung von Sensoren mit einer empfindlichen Fläche von (1×1) mm^2 wegen ihrer großen kommerziellen Anwendung. Neben der Herstellung entsprechend dünner und thermisch gut isolierter Sensorelemente stellt insbesondere die Maximierung des Absorptionsvermögens eine große Herausforderung dar, weil die thermische Masse einer zusätzlich aufgebrachten Absorptionsschicht niedrig gegenüber der des Sensorelementes sein muss, damit eine maximale Temperaturänderung erreicht wird.

4 Sensortechnologie

Gegenstand dieses Kapitels ist die Umsetzung der in Kapitel 3 genannten Forderungen zur Erhöhung der thermischen Auflösung pyroelektrischer Einelementsensoren in ein adäquates Chiplayout und die Herstellung entsprechender Sensorchips. Neben der Beschreibung der Herstellungstechnologie und des Sensoraufbaus sollen dabei insbesondere die technologischen Herausforderungen und Grenzen dargelegt werden.

4.1 Chiplayout

Aus den beiden Forderungen nach einer möglichst geringen Sensorelementdicke sowie einer sehr guten thermischen Isolation des Sensorelementes resultieren zwei Layoutvarianten für den pyroelektrischen Sensorchip, die im Rahmen der Arbeit zum Einsatz kommen (**Abb. 4.1**). Beides sind freitragende Strukturen, die zur Gewährleistung der mechanischen Stabilität und der Handhabbarkeit einen etwa 20 µm dicken Trägerrahmen besitzen und nur lokal im Bereich der strahlungsempfindlichen Fläche die gewünschte Schichtdicke aufweisen. Soweit nicht anders angegeben beträgt die Sensorchipgröße dabei (3 x 3) mm². Die Standardchips (**Abb. 4.1a**) besitzen keinen thermischen Isolationsgraben zur Verringerung der lateralen Wärmeleitung. Dadurch weisen sie eine höhere mechanische Stabilität als die Sensorchips mit Isolationsgraben

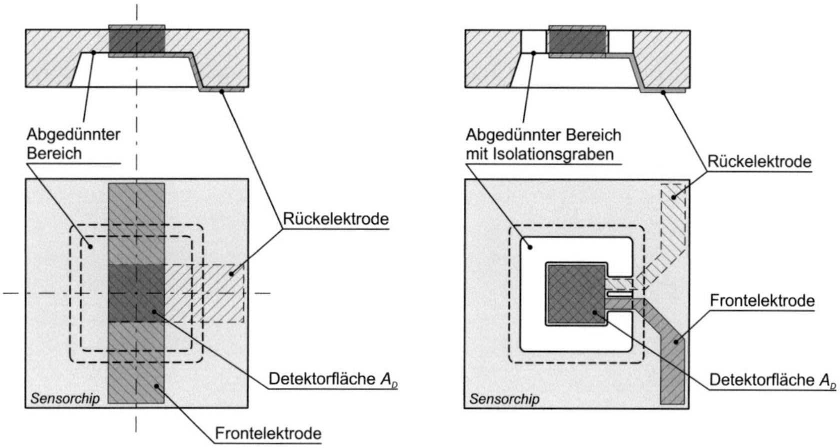

Abb. 4.1: Layoutvarianten der ultradünnen $LiTaO_3$-Einelementsensoren (nicht maßstäblich): (a) Standardchip und (b) Chip mit thermischem Isolationsgraben.

(**Abb. 4.1b**) auf. Bei Letzteren ist mit einer geringeren Ausbeute zu rechnen. Dabei ist das Sensorelement nur einseitig mit dem Trägerrahmen verbunden, weil der Isolationsgraben den Chip vollständig durchdringt. Eine derartige Struktur wurde in [139] für DTGS-Sensoren mit einer deutlich verringerten Beschleunigungsempfindlichkeit entworfen und in [134] für den Einsatz in $LiTaO_3$-Einelementsensoren untersucht und als optimales Sensorlayout befunden. Die Standardchips sollen hingegen wegen ihrer besseren mechanischen Stabilität auch zur Bestimmung der Materialkenngrößen von ultradünnem $LiTaO_3$ verwendet werden (Kapitel 5).

Das Hauptaugenmerk liegt in der Herstellung von Sensoren mit einer empfindlichen Fläche von (1×1) mm². Des Weiteren werden noch Sensoren mit einer quadratischen Detektorfläche von $(0,5 \times 0,5)$ mm² sowie einer runden Detektorfläche mit einem Durchmesser von 1,5 mm ($A_D = 1,77$ mm²) aufgebaut und untersucht. Damit immer ein konstanter Abstand zwischen Sensorelement und Wärmesenke (Trägerrahmen) vorliegt, besitzt der rückseitig eingebrachte Graben zur Elementabdünnung die gleiche Form (rund oder quadratisch) wie die strahlungsempfindliche Fläche. Soweit nicht anders angegeben, beträgt dieser 500 µm.

Als Folge des von der Chiprückseite einzubringenden Grabens zur Sensorelementabdünnung muss die Rückelektrode die Grabenwand durchgehend bedecken. Bedingung dafür ist ein hinreichend großer Winkel zwischen der Grabenwand und der Chipnormalen, d. h. eine schräge Grabenwand. Das entspricht genau dem Gegenteil der in der Mikroelektronik sonst üblichen Forderung nach steilen Kanten bei vertikalen Strukturen. Da das Sensorelement durch die Überlappung von Front- und Rückelektrode gebildet wird und diese außerhalb des strahlungsempfindlichen Bereiches zur Sicherung einer ausreichenden elektrischen Leitfähigkeit zusätzlich verstärkt sind (Frontelektrodenverstärkung (FEV) bzw. Rückelektrodenverstärkung (REV)), ist eine eindeutige und genaue Zuordnung der Strukturen von Schablone und Chipoberfläche bei der fotolithografischen Strukturierung der Lackschichten erforderlich. Diese Aufgabe wird von Justiermarken (Hilfsstrukturen) übernommen, die für die Funktion des Bauelementes jedoch unbedeutend sind. Darüber hinaus existieren zusätzlich Sägemarken, welche die Chipkanten nach dem Trennen und Vereinzeln kennzeichnen. Die Nummerierung der Sensorchips ist nicht nur für deren Unterscheidung wichtig, sie erleichtert auch während des Herstellungsprozesses die Orientierung auf der Waferoberfläche.

Aus den entworfenen Sensorlayouts ergibt sich die Notwendigkeit einer zwei- bzw. dreimaligen Strukturierung der Vorderseite sowie einer dreimaligen Strukturierung der Rückseite des Sensorchips. In **Tab. 4.1** sind die Schablonen der einzelnen Layoutebenen zusammengefasst. Der vollständige Schablonensatz wurde auf einer 4"-Chrom-Fotomaske integriert (Maskenzentrum Dresden GmbH), wobei mit jeder Schablone die Bearbeitung von 36 Sensorchips gleichzeitig erfolgt. Die jeweilige Fläche von (22×22) mm² bestimmt dabei die Ausgangsabmessungen der $LiTaO_3$-Wafer.

Tab. 4.1: Schablonensatz zur Herstellung ultradünner Einelementsensoren.

Chipseite	Bezeichnung	Technologieschritt
Vorderseite	FE	Abscheiden der Frontelektrode
	FEV	Abscheiden der Frontelektrodenverstärkung
	ISO	Einbringen des thermischen Isolationsgrabens (nur für Variante 2)
Rückseite	GRA	Lokales Abdünnen des Sensorchips durch Einbringen eines Grabens
	RE	Abscheiden der Rückelektrode
	REV	Abscheiden der Rückelektrodenverstärkung

4.2 Herstellung ultradünner Lithiumtantalat-Sensorchips

4.2.1 Kristallbereitstellung

Wegen des großen Bedarfs an $LiTaO_3$ für Massenartikel wie z. B. Oberflächenwellenfilter und elektro-optische Bauelemente ist die Kristallzüchtung sehr weit entwickelt [128]. $LiTaO_3$-Einkristalle werden nach dem Czochralski-Verfahren aus der Schmelze gezüchtet und anschließend gepolt. Nach dem Kristallziehen werden sie in dünne Scheiben (Wafer) geschnitten. Dabei wird für pyroelektrische Anwendungen der z-Schnitt (Schnitt senkrecht zur polaren Achse) verwendet. Kommerziell können derzeit ein- oder beidseitig polierte Scheiben mit einem Durchmesser von bis zu 7" bei einer Dicke von 500 µm bezogen werden. Kleinere Wafer mit einem Durchmesser von bis zu 3" sind auch mit einer minimalen Dicke von (40 ... 80) µm verfügbar. Im Rahmen der Arbeit kommen gepolte, einkristalline Scheiben des Herstellers Roditi zum Einsatz, die einen Durchmesser von 2,5" und eine Dicke von 500 µm besitzen. Die Scheiben sind einseitig poliert und auf der zweiten Seite geläppt. Alle wichtigen Materialparameter sind im Anhang B zusammengefasst.

4.2.2 Technologischer Gesamtablauf

Die zur Herstellung der ultradünnen Sensorchips verwendete Technologie basiert auf der am IFE entwickelten Standardtechnologie für $LiTaO_3$-Sensoren [64, 140]. Diese ist in erster Linie auf eine Laborfertigung ausgerichtet, wodurch bei kleinen Stückzahlen eine sehr hohe Flexibilität erreicht wird. **Abb. 4.2** illustriert den technologischen Ablauf zur Herstellung sehr dünner $LiTaO_3$-Sensorchips. Ausgangsmaterial ist ein einseitig polierter, polarisierter und monokristalliner $LiTaO_3$-Wafer mit einem Durchmesser von 2,5" und einer Dicke von 500 µm. Dieser wird zunächst mit einer Wafersäge in vier Einzelwafer der Größe $(22 \times 22 \times 0,5)$ mm³ geteilt, wovon drei als Serie in einem Durchlauf gleichzeitig bearbeitet werden. Danach erfolgt die fotolithografische Strukturierung des Frontelektrodensystems auf der polierten Waferseite. Dieses besteht aus einer 7 nm dicken Frontelektrode aus $Ni_{80}Cr_{20}$, welche außerhalb des strahlungsempfindlichen Bereiches durch ein Schichtsystem aus $Ni_{80}Cr_{20}$ (10 nm)

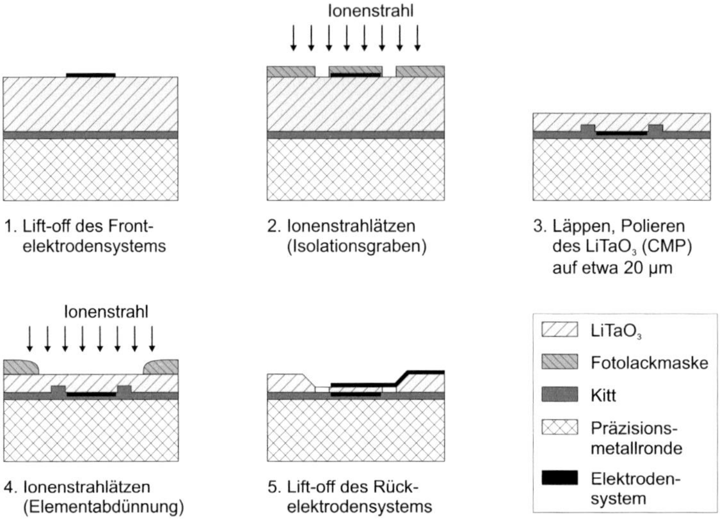

Abb. 4.2: Schematische Darstellung des technologischer Ablaufs zur Herstellung ultradünner $LiTaO_3$-Sensorchips.

und Au (40 nm) verstärkt ist. Die Maskierung der Waferoberfläche für die Abscheideprozesse erfolgt durch die Lift-off- oder Abhebetechnik. Dazu werden Fotolackmasken vom Typ AZ 1514 H mit einer Dicke von etwa 2 µm verwendet, über die das entsprechende Material ganzflächig abgeschieden wird. Voraussetzung für diesen Prozess sind steile Lackkanten, die nicht bzw. nur gering bedampft werden und dem Lösungsmittel damit genügend Angriffsfläche zur abschließenden Entfernung der Lackmaske bieten. Für die Sensorlayoutvariante 2 folgt im Anschluss das Einbringen des thermischen Isolationsgrabens. Dies geschieht durch Ionenstrahlätzen, wobei zur Strukturierung eine Lackmaske gleichen Typs verwendet wird. Die Tiefe des Isolationsgrabens sollte dabei mindestens der geforderten Sensorelementdicke entsprechen.

In Vorbereitung der Chipvereinzelung erfolgt abschließend das ca. 80 µm tiefe Einsägen der Wafer entsprechend den lateralen Chipabmessungen (Raster von $(3 \times 3)\ mm^2$). Damit ist die Bearbeitung der Vorderseite abgeschlossen. Die $LiTaO_3$-Wafer werden im Anschluss mit der fertigen Frontseite nach unten auf Präzisionsedelstahlronden gekittet, die eine Planparallelität von besser als $\pm$ 1 µm besitzen. Als Kitt wird ein spezieller Optikkitt (Kanadabalsam) verwendet. Die Dicke der Kittfuge ist kleiner als 5 µm. Zum Abdünnen werden mechanische und chemisch-mechanische Polierverfahren (CMP) sowie das Ionenstrahlätzen eingesetzt. Dabei erfolgt im ersten Schritt der Hauptabtrag bis zu einer Dicke von etwa 40 µm durch mechanisches Läppen mit Siliziumkarbid (Korngröße 8 µm) auf einer plangeschliffenen Gussplatte. Gleichzeitig werden dadurch die Sensorchips vereinzelt. Daran schließt sich eine mechanische Politur mit Diamantpaste (Korngröße 3 µm) bis zu einer Dicke von etwa 30 µm an. Abschließend wird eine strukturschonende CMP auf der Basis einer sauren Kiesel-

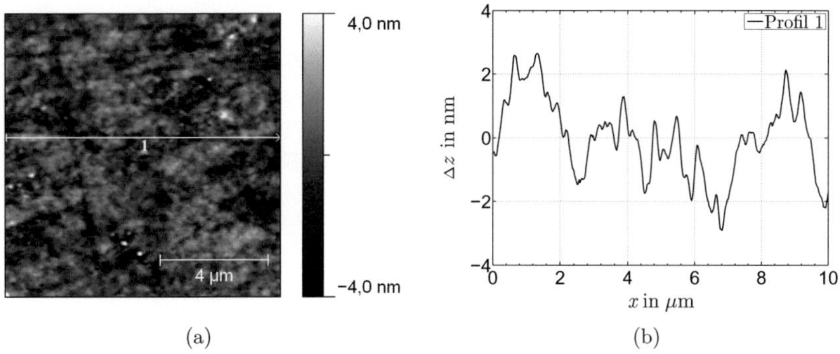

Abb. 4.3: (a) AFM-Aufnahme der $LiTaO_3$-Oberfläche nach der CMP und (b) zugehöriges Oberflächenprofil.

sollösung durchgeführt, bei der die Chipdicke auf den Endwert von ungefähr 20 µm reduziert wird. Im Ergebnis liegen Sensorchips mit kratzerfreien Oberflächen sehr hoher Qualität vor (**Abb. 4.3**).

Nach der mechanischen Bearbeitung schließt sich ein Ionenstrahlätzprozess zur Dickenreduzierung der Sensorelemente an. Der lokale Materialabtrag wird durch eine Maskierung mit einer Lackmaske erreicht. Dazu werden Lackmasken vom Typ AZ 4562 mit einer Dicke von etwa 20 µm verwendet. Die große Ätzmaskendicke ist erforderlich, weil durch den rein physikalischen Abtrag beim Ionenstrahlätzen fast keine Selektivität zwischen Lack und $LiTaO_3$ besteht. Hinsichtlich der Steilheit der Lackstrukturkanten ergeben sich im Gegensatz zum Ätzprozess des Isolationsgrabens entgegengesetzte Forderungen. Hier sind abgerundete Lackkanten mit einem kleinen Böschungswinkel notwendig, damit schräge Grabenwände entstehen, über die sich die Rückelektrode zuverlässig abscheiden lässt. Dies wird durch Überbelichtung und Einhalten eines Belichtungsabstandes von etwa 1 mm realisiert. Die Abscheidung des Rückelektrodensystems erfolgt äquivalent zu der des Frontelektrodensystems. Zur Maskierung wird jedoch der Dicklack AZ 4562 verwendet, damit eine vollständige Bedeckung der zuvor freigelegten Sägegräben gewährleistet ist. Die Dicke der Rückelektrode beträgt 25 nm. Danach ist die Bearbeitung der Rückseite abgeschlossen und die Sensorchips können von den Ronden abgelöst und optisch kontrolliert werden. Als letzter Schritt folgt eine thermische Nachbehandlung der fertigen Sensorchips bei 200 °C für 24 h. Dadurch werden die vom Ionenbeschuss verursachten Strahlenschäden wieder ausgeheilt. Die auf diese Weise hergestellten Sensorchips werden in einem Hybridaufbau mit dem Vorverstärker in einem Sensorgehäuse integriert (Abschnitt 4.3).

Damit die Haftfestigkeit der aufzubringenden Schichten gewährleistet ist, muss während des gesamten technologischen Prozesses auf die Sauberkeit der Chipoberflächen größten Wert gelegt werden. Deshalb ist zwischen jedem Teilschritt eine entsprechende Reinigung der Wafer vorzunehmen. Zum Einsatz kommen dabei organische

Lösungsmittel wie Aceton, Ethanol und Isopropanol, aber auch Chromschwefelsäure und bidestilliertes Wasser. Aufgrund der entstehenden Oberflächenladungen bereits bei sehr kleinen Temperaturänderungen des pyroelektrischen $LiTaO_3$ und etwaiger Funkenentladungen ist der fotolithografische Prozess mitunter nicht unproblematisch. Bei allen Aufheiz- und Abkühlprozessen sollte ein Temperaturgradient von $1,5$ K/min nicht überschritten werden. Im Anschluss an die dargestellte Technologie kann zur Verbesserung des Absorptionsvermögens eine Absorptions- oder Antireflexionsschicht auf die Frontelektrode des Sensorelementes aufgebracht werden.

4.2.3 Optimierung kritischer Prozessschritte und technologische Grenzen

Mechanische Bearbeitung

Die minimal nutzbare Dicke der Sensorelemente wird durch die erreichbare Planparallelität bei der Kristallbearbeitung bestimmt. Die Läpp- und Polierprozesse führen unweigerlich zu einer inhomogenen Schichtdickenverteilung des Wafers, deren Folge keilförmige Sensorchips sind. Der Grad der Inhomogenität wird dabei durch die Art des Verfahrens, das Poliermittel, die Poliergeschwindigkeit und den Anpressdruck bestimmt. Ebenfalls sind eine homogene Kittfuge und eine planparallele Bearbeitungsronde erforderlich. Anzustreben ist eine möglichst homogene Schichtdicke über den gesamten Wafer, damit beim anschließenden Ionenstrahlätzen nicht Teile des strahlungsempfindlichen Bereiches weggeätzt werden. Die typische Schichtdickenverteilung eines bearbeiteten Wafers ist in **Abb. 4.4a** dargestellt. Dabei wird in der Wafermitte gewöhnlich die beste Homogenität erreicht, während die Schichtdicke zum Waferrand hin und insbesondere in den Waferecken teils rapide abnimmt. Wie wichtig eine homogene Kittfuge ist, zeigt **Abb. 4.4b**. Eine schiefe Kittfuge hat zur Folge, dass dort, wo die Kittfuge am dicksten ist, mehr Material abgetragen wird. Dadurch verschlechtert sich die Schichtdickenhomogenität des Wafers und der Bereich bester Homogenität verschiebt sich zum Waferrand hin. Dies lässt sich während des Poliervorganges nur schlecht korrigieren. Deshalb empfiehlt sich die Verwendung einer Vakuumaufkittvorrichtung, die sehr dünne und homogene Kittfugen ermöglicht. Im Rahmen der Arbeit kam eine Vakuumaufkittvorrichtung VPB 1 der Firma Logitech Ltd. zum Einsatz.

Darüber hinaus ist insbesondere auf höchste Sauberkeit zu achten. Verunreinigungen oder kleinste Partikel zwischen Wafer und Bearbeitungsronde können zu einer leichten Verkippung des Wafers und folglich zu einer schiefen Kittfuge führen. Diese Gefahr besteht insbesondere bei $LiTaO_3$, da die Wafer vor dem Aufkitten einem Reinigungsvorgang unterzogen werden, bei dem sie abschließend mit Pressluft trocken gepustet werden. Dabei können geringe Temperaturunterschiede im pyroelektrischen $LiTaO_3$ auftreten, wodurch Oberflächenladungen entstehen und feinste Staubpartikel aus der Luft elektrostatisch angezogen werden. Das Aufkitten sollte deshalb unbedingt im Reinraum erfolgen. Um schiefe Kittfugen auf Grund eines verkippten Wafers zu vermeiden, wurde grundsätzlich überprüft, ob sich Partikel unter dem Wafer befinden. Da eine optische Kontrolle wegen der bereits fertig bearbeiteten Vorderseite nur

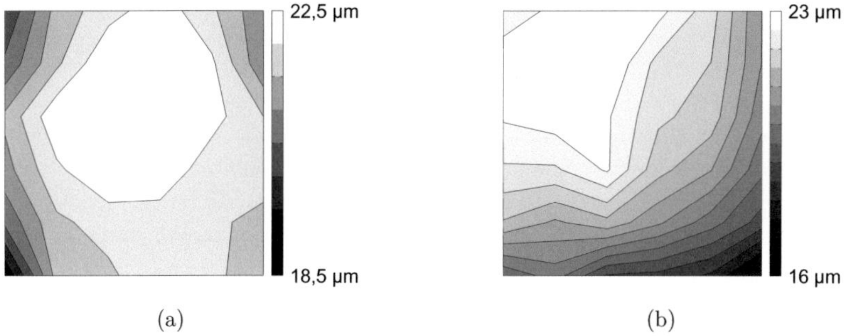

Abb. 4.4: Schichtdickenhomogenität eines $LiTaO_3$-Wafers nach der mechanischen Kristallbearbeitung, gemessen mit einem Lichtschnittmikroskop: (a) typisch und (b) Einfluss einer schiefen Kittfuge. Wafergröße: (22 x 22) mm².

schwierig möglich ist, erfolgte dies mit Hilfe eines mechanischen Feinzeigers.

Im Ergebnis entstanden homogene und sehr dünne Kittfugen mit einer typischen Dicke von 2 µm, die zusammen mit den optimierten Poliervorgängen zu einer typischen Schichtdickenspanne eines bearbeiteten $LiTaO_3$-Wafers von (4 . . . 5) µm führten. Minimal konnten 2, 5 µm erreicht werden. Dabei sind die Ergebnisse umso besser, je geringer die Poliergeschwindigkeit und der Anpressdruck sind. Dennoch kann insbesondere in den Waferecken ein Schichtdickengradient von bis zu 1 µm/mm auftreten. Für herkömmliche Sensoren stellt dies kein Problem dar, bei den angestrebten Sensorelementdicken von weniger als 1 µm hingegen schon, wenn nicht der Durchmesser der strahlungsempfindlichen Fläche deutlich kleiner als 1 mm ist. Aus der erreichbaren Planparallelität bei der mechanischen Kristallbearbeitung lässt sich schließlich die minimal nutzbare Sensorelementdicke abschätzen, da beim anschließenden Ionenstrahlätzen der Materialabtrag gleichmäßig erfolgt. Für einen Sensor mit einer empfindlichen Fläche von (1 x 1) mm², der sich in der Wafermitte im Bereich bester Homogenität befindet, beträgt demnach die minimal nutzbare, mittlere Sensorelementdicke etwa 0, 1 µm. Liegt der Sensorchip im Waferrandbereich, sind es bereits etwa 0, 4 µm und in den Waferecken noch deutlich mehr. Aus diesem Grund sollte schon beim Maskenentwurf berücksichtigt werden, Sensorchips mit großen strahlungsempfindlichen Flächen vorzugsweise in der Wafermitte zu platzieren.

Ionenstrahlätzen

Das Ionenstrahlätzen (IBE - ion beam etching) mit Inertgasionen kommt zur lokalen Verringerung der Dicke des pyroelektrischen Chips sowie zum Einbringen des thermischen Isolationsgrabens zur Anwendung. Naßchemische Ätzverfahren scheiden im Fall von $LiTaO_3$ aus, da es nahezu inert gegen alle bekannten Ätzlösungen ist. Für die Bearbeitung von $LiTaO_3$ mit Trockenätzverfahren kommen nur physikalische (IBE) und physikalisch-chemische (RIBE - reactive ion beam etching) Verfahren in Frage.

Ein rein chemisches Ätzen ist auf Grund der Bildung von nichtflüchtigen Lithiumverbindungen ebenfalls ausgeschlossen. Der Einsatz des reaktiven Ionenstrahlätzens lohnt sich aber nur bei hochaufgelösten Tiefenätzungen, da es wesentlich aufwendiger und kostenintensiver als das Ionenstrahlätzen mit Inertgasionen ist. Da bei beiden Ätzschritten, Dickenreduzierung und Einbringen des Isolationsgrabens, keine derartigen Anforderungen bestehen, wird das inerte Ionenstrahlätzen eingesetzt. Bei allen Ätzungen wurde eine kommerzielle Ionenstrahlätzanlage Microetch 301A der Firma Veeco Instruments Inc. mit einer 5"-Ionenquelle verwendet. Als Arbeitsgas wurde Argon genutzt.

Um die Kristallschädigung beim Ionenstrahlätzen so gering wie möglich zu halten, erfolgte der Materialhauptabtrag mit einer relativ geringen Ätzrate von etwa 18 nm/min. Zusätzlich wurde ein strukturschonendes Nachätzen mit nochmals verringerter Ionenenergie und Ionenstromdichte bei einer Ätzrate von etwa 7 nm/min durchgeführt. Bei dieser Nachbehandlung wurden mindestens 200 nm abgetragen. Die mittlere Eindringtiefe[1] der Ar-Ionen im $LiTaO_3$ beträgt dabei ungefähr 2 nm für das Hauptätzen, respektive 1 nm für das Nachätzen. Durch eine Temperung der fertigen Sensorchips werden die entstandenen Strahlenschäden schließlich wieder ausgeheilt. Die Oberflächenqualität eines ionenstrahlgeätzten Sensorelementes unterscheidet sich dabei nicht von der eines mechanisch bearbeiteten.

Als Folge der Schichtdickeninhomogenität der $LiTaO_3$-Wafer ist es nahezu unmöglich, alle Sensorchips eines Wafers auf die gleiche Schichtdicke zu bringen. Besonders problematisch wird es, wenn die Sensorelementdicke 1 µm oder weniger betragen soll. Im Interesse einer möglichst hohen Ausbeute ist es dann notwendig, nach einem Hauptabtrag nur noch kurze Ätzschritte durchzuführen, zwischen denen die Schichtdicke gemessen und fertige Sensorchips abgedeckt werden. Weil dazu die Anlage jeweils geöffnet werden muss, gestaltet sich das Ionenstrahlätzen als sehr zeitaufwendig Eine Alternative existiert zur Zeit jedoch nicht. Da das Ionenstrahlätzen ein physikalisches Ätzverfahren ist, bei dem der Abtrag auf der Impulsübertragung zwischen den auftreffenden Ionen und dem Substratmaterial beruht, ist die Selektivität sehr gering und zudem kein automatischer Ätzstopp möglich. Geätzt wird nach Zeit, so dass die Ätzrate möglichst genau bekannt sein muss. Um dabei Prozessschwankungen so gering wie möglich zu halten, ist es wichtig, dass alle die Ätzrate bestimmenden Parameter, wie z. B. Ionenenergie und Ionenstromdichte, konstant sind. Aus diesem Grund ist vor dem Ionenstrahlätzen sowie zwischen den einzelnen Ätzschritten eine genaue Messung der Sensorelementdicke notwendig, damit die gewünschte Enddicke so gut wie möglich erreicht wird. Im Rahmen der Arbeit kam dazu das interferenzbasierte Schichtdickenmessgerät NanoCalc-2000-XR von Ocean Optics Inc. zur Anwendung. Bei der Herstellung extrem dünner Sensorelemente kann es dennoch vorkommen, dass Teile des strahlungsempfindlichen Bereiches weggeätzt werden (**Abb. 4.5**). Ursache hierfür ist die inhomogene Schichtdicke der $LiTaO_3$-Wafer. Dies verdeutlicht noch einmal, wie die bei der mechanischen Kristallbearbeitung erreichbare Planparallelität die minimal nutzbare Sensorelementdicke bestimmt.

[1]Simuliert mit TRIM-Software (Transport of Ions in Matter) - www.SRIM.org.

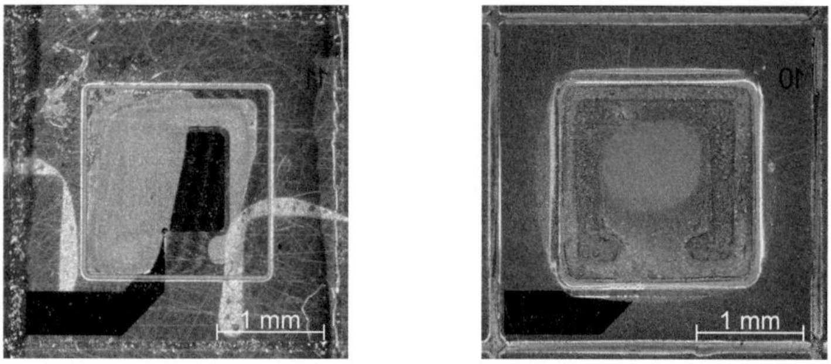

(a) (b)

Abb. 4.5: Folge der Schichtdickeninhomogenität der $LiTaO_3$-Wafer: Beim Ionenstrahlätzen kann (a) ein Teil der Sensorfläche bzw. (b) im ungünstigsten Fall auch die gesamte Sensorfläche weggeätzt werden, wenn die angestrebte Zieldicke weit unter 1 µm liegt.

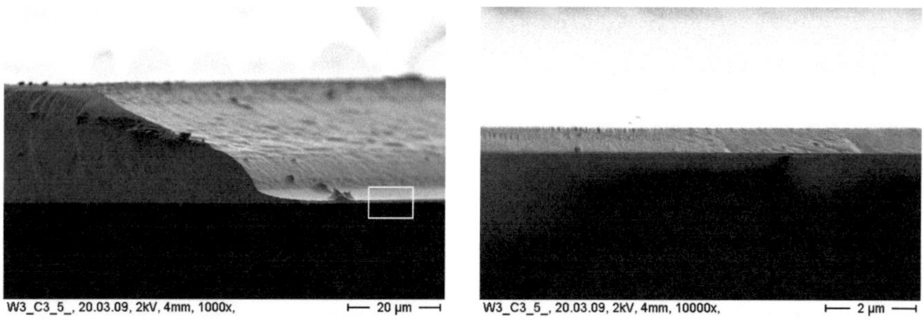

(a) (b)

Abb. 4.6: (a) REM-Aufnahme des Übergangs vom ca. 20 µm dicken Chiprand zum ionenstrahlgeätzten, strahlungsempfindlichen Bereich mit einer Dicke von etwa 0,6 µm und (b) vergrößerter Ausschnitt aus (a).

Die **Abb. 4.6** zeigt das typische Grabenprofil nach dem Ionenstrahlätzen. Im Hinblick auf die Form der Grabenwand spielt die Dicke der Ätzmaske eine wichtige Rolle. Entscheidend ist dabei, dass bei durch Abstandsbelichtung erzeugten Lackmasken die Seitenwände keinen konstanten Anstieg aufweisen, sondern vom Boden aus steil beginnen und im oberen Bereich flach auslaufen. Diese Struktur überträgt sich beim Ionenstrahlätzen ins $LiTaO_3$. Je dünner dabei der nach dem Ätzen verbleibende Lack ist, umso mehr verrundet sich die obere Strukturkante [22]. Die Dicke der Fotolackmaske muss deshalb der Ätztiefe angepasst werden. Mit einem Belichtungsabstand von 1 mm wurden auf diese Weise Böschungswinkel von etwa 35° erzeugt. Derartige Profile eignen sich hervorragend, um darauf dünne Metallschichten abzuscheiden, wie es im Fall der Rückelektrode notwendig ist.

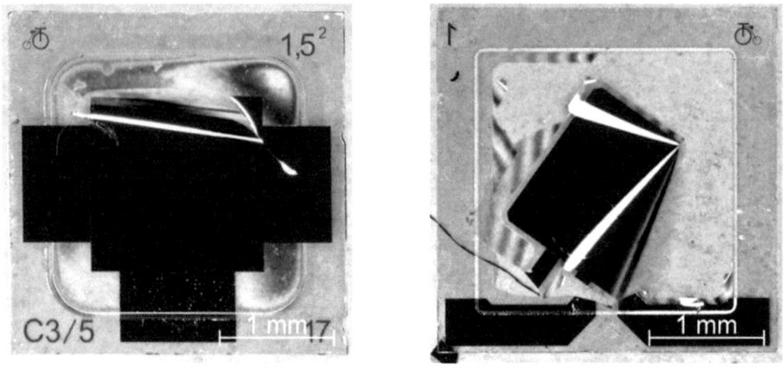

(a) (b)

Abb. 4.7: Beim Ablösen von der Bearbeitungsronde kann das Sensorelement beschädigt werden. Dies betrifft insbesondere Sensorchips mit (a) einer großen Detektorfläche und (b) einem thermischen Isolationsgraben.

Ablösen der Sensorchips von der Bearbeitungsronde

Beim Ablösen der ultradünnen Sensorchips von der Bearbeitungsronde besteht das höchste Risiko, dass der ionenstrahlgeätzte Bereich und damit das Sensorelement beschädigt wird (**Abb. 4.7**). Dies betrifft insbesondere Sensorchips mit einem relativ großen abgedünnten Bereich ($\varnothing > 2$ mm) und einer sehr geringen Sensorelementdicke ($d_P < 1$ µm) sowie Sensorchips mit einem thermischen Isolationsgraben (Sensorlayout 2). In der Prozessreihenfolge schließt sich das Ablösen unmittelbar an das Abscheiden des Rückelektrodensystems an. Die Ronde wird dazu in ein Acetonbad gelegt, wobei zunächst die verbliebenen Lackschichten mit den darauf abgeschiedenen Metallschichten abgelöst werden müssen. Dazu wird ein Pinsel mit sehr weichen Borsten benutzt. Nach dem Abheben der Lack- und Metallschichten wird die Ronde vorsichtig abgespült und in ein neues, sauberes Acetonbad gelegt, in dem sie für etwa 12 bis 24 Stunden verweilt. Während dieser Zeit kann sich die Kittfuge vollständig auflösen, so dass die einzelnen Sensorchips lose auf der Ronde liegen. Anschließend können sie aus dem Acetonbad herausgeholt und getrocknet werden. Hierbei ist allergrößte Sorgfalt geboten, denn ein Sensorchip muss zunächst an den Rand der Ronde und dort auf ein Papierschiffchen geschoben werden, mit dem es schließlich aus dem Acetonbad herausgehoben wird. Papier eignet sich hierzu besonders gut, weil das Aceton auch unter dem Sensorchip recht schnell verdampft und der Chip sich nicht an der rauhen Papieroberfläche festsaugt.

Sind die ultradünnen Sensorchips getrocknet, ist ihre weitere Handhabung relativ unproblematisch, da sie mechanisch stabil sind. Ein Einfluss der Ätzschüsselform (rund oder quadratisch) auf die mechanische Stabilität des Sensorchips konnte nicht festgestellt werden. Das Anfassen und Bewegen der Sensorchips geschieht über einen kleinen Sauger, der am Chiprahmen angesetzt wird. Ein Ansaugen im Bereich der Ätzschüssel zerstört den Sensorchip. Der Aufbau im Sensorgehäuse sowie das Kontaktieren der Elektroden ist durch den dicken Chiprahmen ebenfalls unproblematisch. Einzig die Sensorchips mit durchgeätztem Isolationsgraben müssen sehr langsam und vorsichtig angehoben und abgelegt werden, weil bei ihnen die Gefahr besteht, dass das frei hängende Sensorelement abgerissen wird.

4.2.4 Ultradünne Sensorchips

Im Rahmen der Arbeit konnten Sensorelemente mit einer Dicke von weit unter 1 µm hergestellt werden (**Tab. 4.2**). Dabei ist die genaue Angabe der Sensorelementdicke wegen der schlechten Planparallelität schwierig. Aus diesem Grund wurde die Schichtdicke an den vier Ecken sowie in der Mitte des Sensorelementes gemessen und daraus eine mittlere Schichtdicke bestimmt. Die Schichtdickenmessung erfolgte optisch mit dem interferenzbasierten Schichtdickenmessgerät NanoCalc-2000-XR von Ocean Optics Inc. Der Durchmesser des Messspots betrug 200 µm. Als Folge der Verringerung der Schichtdicke auf Werte unter 1 µm treten Interferenzfarben auf, die durch Überlagerung der Lichtstrahlen, die an der Vorder- und Rückseite des ionenstrahlgeätzten Bereiches reflektiert werden, entstehen. Dabei werden in Abhängigkeit der optischen Weglänge bestimmte Wellenlängen (Farbanteile) des weißen Lichts, wie es näherungsweise die Mikroskopbeleuchtung liefert, durch die Interferenz geschwächt und andere verstärkt. Ändert sich die Schichtdicke und damit die optische Weglänge, dann ändert sich die Interferenzfarbe und die Schichtdickenhomogenität des Sensorelementes wird sichtbar (**Abb. 4.8**). Folglich sind umso mehr Interferenzfarbstreifen erkennbar, je schlechter die Planparallelität des Sensorelementes ist.

Die minimalen Schichtdicken der Sensorchips ohne thermischen Isolationsgraben (Sensorlayout 1), die erfolgreich hergestellt und aufgebaut werden konnten, liegen bei etwa $0,4$ µm. Die Ausbeute ist dabei sehr gering, weil einerseits nur etwa $1/4$ bis $1/3$ der Sensorchips auf einem Wafer die dazu notwendige Planparallelität aufweisen (die in der Wafermitte) und andererseits das Risiko höher ist, dass beim Ablösen von der Bearbeitungsronde das Sensorelement beschädigt wird. Ausgehend von den eigenen Untersuchungen liegt die optimale Minimalsensorelementdicke für Sensoren mit einer Fläche von (1 x 1) mm² zwischen $0,6$ µm und 1 µm. Derartige Sensorchips

Tab. 4.2: Minimale (mittlere) Sensorelementdicken von realisierten Sensoren.

Detektorfläche A_D	Sensorelementdicke d_P
$(0,5 \times 0,5)$ mm²	$0,39$ µm
$(1,0 \times 1,0)$ mm²	$0,42$ µm
$1,77$ mm² (⌀ $1,5$ mm)	$0,42$ µm
*Mit Isolationsgraben:**	
$(0,5 \times 0,5)$ mm²	$0,70$ µm
$(1,0 \times 1,0)$ mm²	$1,09$ µm

* Isolationsgraben vollständig durchgeätzt und Sensorelement stabil nach Aufbau (kein Durchhängen).

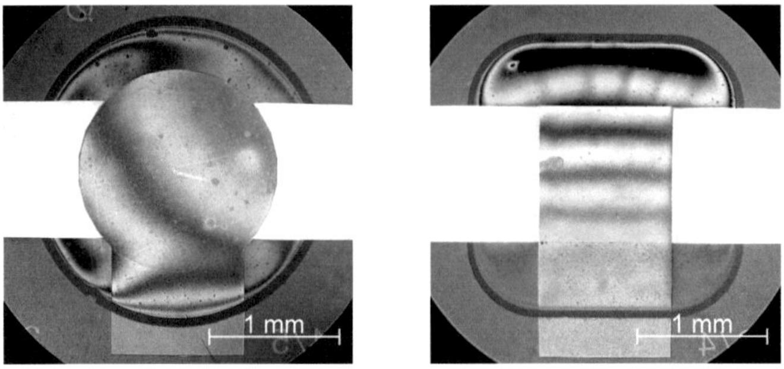

(a) (b)

Abb. 4.8: Liegt die Schichtdicke im Wellenlängenbereich des sichtbaren Lichts, treten Interferenzerscheinungen auf, die Aufschluss über die Schichtdickenhomogenität geben: (a) relativ homogene Schichtdicke und (b) sehr inhomogene Schichtdicke.

sind mechanisch stabil, lassen sich relativ leicht handhaben und die Ausbeute beträgt akzeptable 50 % bis 60 %. Bei gleicher Sensorelementdicke ist dagegen die Ausbeute bei Sensoren mit Isolationsgraben (Sensorlayout 2) deutlich geringer. Dies liegt nicht nur an der verringerten mechanischen Stabilität, sondern auch daran, dass beim Aufkitten winzige Luftblasen im Isolationsgraben verbleiben können, die dann beim Ionenstrahlätzen ausplatzen und das Sensorelement beschädigen. Für die mechanische Stabilität des Sensorchips ist noch entscheidend, ob der Isolationsgraben vollständig durchgeätzt ist oder nicht (**Abb. 4.9**). So wurden Sensorchips mit vollständig durchgeätztem Isolationsgraben hergestellt, die eine mittlere Sensorelementdicke zwischen $0,5$ µm und $0,9$ µm besitzen. Diese Sensorchips sind nicht mehr mechanisch stabil. Einige Sensorelemente weisen eine leichte Wölbung auf, was auf Oberflächenspannungen hindeutet. Die Ursache kann in der unterschiedlichen Dicke der Elektroden liegen. Viel problematischer ist jedoch, dass alle diese dünnen Sensorelemente sehr stark durchhängen, wenn der Chip angehoben bzw. aufgebaut werden soll. Die Ursache liegt hier beim Sensorlayout, welches im Interesse einer möglichst geringen Beschleunigungsempfindlichkeit nur eine einseitige Einspannung des Sensorelementes vorsieht. Als Folge dessen neigt sich das Sensorelement durch sein Eigengewicht unterhalb einer bestimmten Schichtdicke nach unten. Diese Durchbiegung ist umso stärker, je geringer die Schichtdicke ist. Folglich muss das Sensorelement entweder dicker sein (vgl. **Tab. 4.2**) oder der Isolationsgraben darf nicht durchgeätzt werden. Im letzteren Fall kann die Sensorelementdicke genau so weit wie bei den Sensorchips ohne Isolationsgraben reduziert werden, ohne dass das Sensorelement instabil wird. Soll der Isolationsgraben den Chip hingegen vollkommen durchdringen, dann beträgt die minimale Sensorelementdicke für einen Sensor mit einer Fläche von (1×1) mm^2 nur etwa $1,1$ µm.

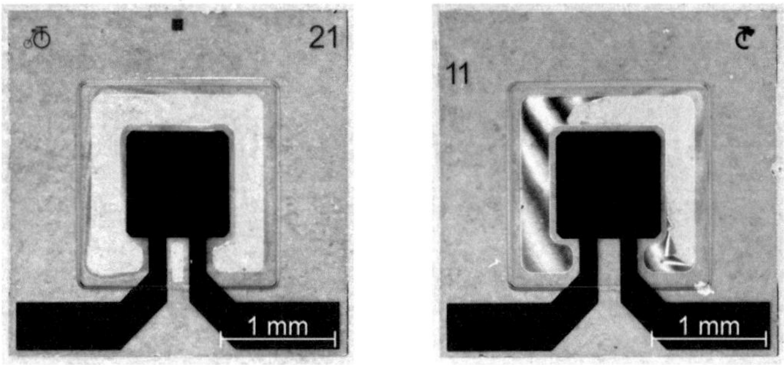

(a) (b)

Abb. 4.9: Ultradünne Sensorchips mit einer Sensorfläche von (1 x 1) mm² und einem thermischen Isolationsgraben, der (a) komplett und (b) nur teilweise durchgeätzt ist.

4.3 Sensoraufbau

Die fertigen Sensorchips werden auf einem Träger aus Polycarbonat mit einem Durchmesser von 15 mm befestigt (**Abb. 4.10a**). Dieser Träger besitzt eine aufgedampfte Leitbahnstruktur aus 20 nm $Ni_{80}Cr_{20}$ und 80 nm Au. Zur thermischen Entkopplung befindet sich in der Mitte des Trägers eine kleine Bohrung, über die der Sensorchip mittig angeordnet wird. Dieser ist an seinen Eckpunkten elastisch mit dem Träger verbunden. Dazu wird der Silikonkautschuk Scrintec® 901 verwendet. Für die elektrischen Verbindungen zwischen den Sensorelektroden und den Leitbahnen auf dem Chipträger kommt der Silberleitkleber EPO-TEK® EE129-4 von Epoxy Technology zum Einsatz (Verarbeitung und Aushärtung bei Raumtemperatur, Übergangswiderstand $< 1\ \Omega$). Zur Kontaktierung der Frontelektrode wird dabei zusätzlich ein 24 µm dicker Golddraht verwendet. Der Träger mit dem Sensorchip wird anschließend in ein Sensorgehäuse eingebaut (**Abb. 4.10b**), in dem sich ein kompletter, mit diskreten Bauelementen aufgebauter SFET-Vorverstärker in Drainschaltung befindet (**Abb. 4.11**) [20]. Schon geringe Temperaturunterschiede können an den Elektroden des pyroelektrischen Sensorelementes hohe Spannungen hervorrufen, die nur sehr langsam abgebaut werden. Zur Sicherheit wurden die Sensorelemente deshalb im kurzgeschlossenen Zustand mit dem SFET kontaktiert, damit dieser nicht durch eine zu hohe Gate-Source-Spannnung zerstört wird. Die Kurzschlussverbindung wurde mit einem Golddraht auf dem Trägerelement realisiert und nach dem Aushärten des Silberleitklebers wieder entfernt.

Die einfallende Strahlung gelangt über ein IR-durchlässiges Fenster aus Zinkselenid (ZnSe) durch eine geschwärzte Blende auf das Sensorelement. Die metallische Blende dient einerseits zur elektrischen Abschirmung und verhindert andererseits in Verbindung mit der Schwärzung der Gehäuseinnenseite unkontrollierbare Reflexionen im Sensorgehäuse. Sensorchip, SFET und Höchstohmwiderstand befinden sich in

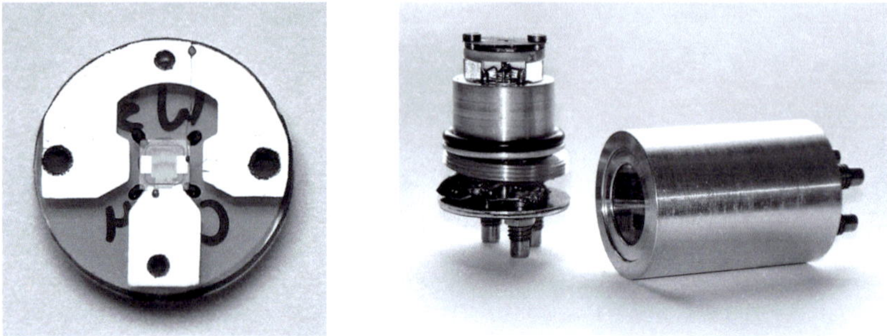

(a) (b)

Abb. 4.10: (a) Polycarbonat-Träger mit Sensorchip und (b) komplettes Sensorgehäuse.

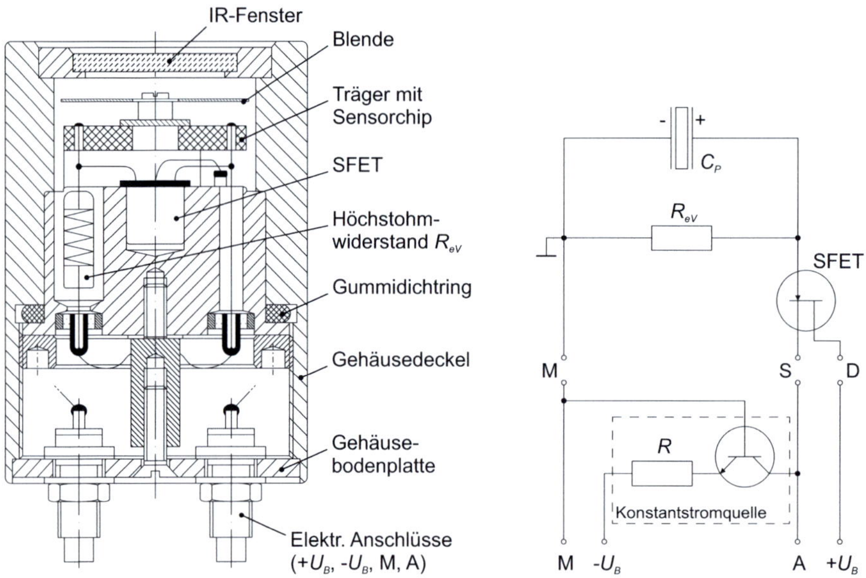

(a) (b)

Abb. 4.11: (a) Skizze der Gesamtkonstruktion (Maßstab 2:1) und (b) verwendete innere und äußere Beschaltung der Einelementsensoren. Hierbei sind D der Drain-, S der Source- und M der Masseanschluss, A der Sensorausgang und U_B die Betriebsspannung.

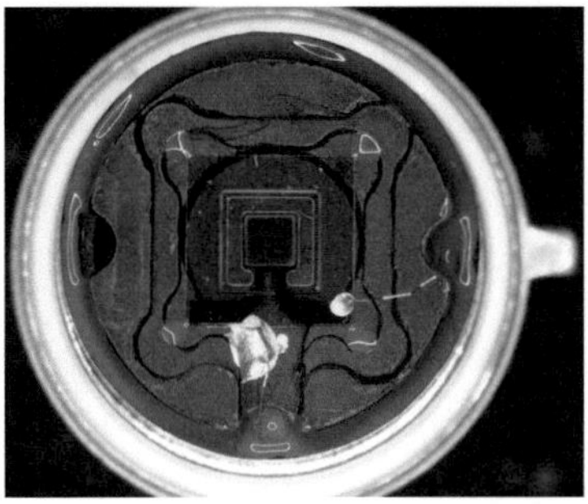

(a)

(b)

Abb. 4.12: (a) Befestigung und Kontaktierung eines Sensorchips im TO-39-Gehäuse und (b) komplette Sensoren im TO-39-Gehäuse.

einem luftdicht abgeschlossenen Raum, der mit getrockneter Luft gefüllt ist, aber auch mit anderen Gasen befüllt werden kann. Zur Messung der Sensorkenngrößen im Vakuum wird der gesamte Sensoraufbau ohne Gehäusedeckel in eine spezielle Vakuum-Sensoraufnahme eingebaut (Kapitel 6). Die restlichen Bauelemente des Vorverstärkers sowie die Anschlussbuchsen sind auf der Gehäusebodenplatte montiert. Da auf diese Weise verschiedene Sensorchips mit dem gleichen Vorverstärker betrieben werden können, haben bauteilabhängige Schwankungen von Vorverstärkerkenngrößen keinen Einfluss auf die Sensorkenngrößen. Deshalb ist dieser Aufbau insbesondere für die Bewertung der Chipeigenschaften geeignet.

Bei Verwendung miniaturisierter Vorverstärkerbauelemente kann der gesamte Strahlungssensor in einem TO-Transistorgehäuse untergebracht werden. **Abb. 4.12** zeigt den Aufbau eines Sensorchips im TO-39 Gehäuse sowie komplette Sensoren mit ZnSe-Fenster. Die TO-Gehäuse können mit unterschiedlichen Gasen befüllt, aber auch evakuiert werden. Über die drei Anschlusspins des Gehäuses werden der Drain- (D) und Sourceanschluss (S) des SFET sowie der Masseanschluss (M) nach außen geführt. Der Anwender kann somit entsprechend dem konkreten Einsatzfall die Vorverstärkerschaltung selbst wählen. Im Rahmen der Arbeit erfolgten keine Untersuchungen an Sensoren im TO-39 Gehäuse.

4.4 Zusammenfassung

Zusammenfassend lässt sich festhalten, dass die Herstellung von Sensorelementen mit einer Dicke von weniger als 1 µm realisierbar ist und diese Sensorchips durch den dickeren Trägerrahmen mechanisch stabil sind. Die minimale Schichtdicke, die für einen Sensor mit $A_D = (1 \,\mathrm{x}\, 1)$ mm^2 erreicht wurde, beträgt etwa $0,4$ µm. Damit derart dünne Sensorchips hergestellt werden können, muss insbesondere bei der mechanischen Kristallbearbeitung auf eine sehr gute Planparallelität des Wafers geachtet werden. Der zur besseren thermischen Isolation eingebrachte Graben im

Sensorlayout 2 verringert die mechanische Stabilität des Sensorchips. Ein komplett durchgeätzter Isolationsgraben ist hier nur bis zu einer Sensorfläche von $(1 \times 1)\ mm^2$ sinnvoll. Dabei beträgt die minimal nutzbare Sensorelementdicke etwa $1,1\ \mu m$, weil sich das freistehende Sensorelement bei geringeren Schichtdicken durch die einseitige Einspannung verbiegt. Hier ist eine drei- oder vierseitige Einspannung sinnvoller, was aber die Beschleunigungsempfindlichkeit des Sensors verschlechtert. Zur besseren mechanischen Stabilität wurde deshalb der Graben bei einigen Sensoren nicht bzw. nur teilweise durchgeätzt. Auf diese Weise konnten dünnere Sensorelemente hergestellt werden. Gegenüber herkömmlichen Sensorchips ist der Herstellungsprozess wesentlich zeit- und kostenintensiver. Zudem ist die Ausbeute geringer, was insbesondere das Sensorlayout mit thermischem Isolationsgraben betrifft.

5 Sensorspezifische Materialeigenschaften

Da eine Erhöhung der thermischen Auflösung die Reduzierung der Sensorelementdicke erfordert, sollen in diesem Kapitel zunächst die sensorspezifischen Materialeigenschaften von ultradünnen $LiTaO_3$-Einkristallen untersucht werden. Ziel ist es dabei, Lithiumtantalat hinsichtlich seiner für den Einsatz in pyroelektrischen Sensoren relevanten Eigenschaften in Abhängigkeit von der Schichtdicke zu charakterisieren und Einflüsse der Materialbearbeitung auf die Sensorkenngrößen zu ermitteln. Die Messung der pyroelektrischen, dielektrischen und optischen Eigenschaften erfolgte an mechanisch abgedünnten $LiTaO_3$-Chips, die nach der in Abschnitt 4.2.2 beschriebenen Technologie hergestellt wurden. Dabei beträgt die Fläche des Sensorelementes (1 x 1) mm^2 und die Fläche des abgedünnten Bereiches (2 x 2) mm^2. Die Bestimmung der volumenspezifischen Wärmekapazität ultradünner $LiTaO_3$-Einkristalle war aufgrund der für die Messung der spezifischen Wärmekapazität erforderlichen Probengeometrie nicht möglich. Dessen ungeachtet sollen abschließend die wesentlichen Gütekenngrößen berechnet und mit denen des Volumenmaterials verglichen werden.

5.1 Pyroelektrischer Koeffizient

Der pyroelektrische Koeffizient p beschreibt die Änderung der spontanen Polarisation bei einer Temperaturänderung

$$dP_S = p\,dT = \frac{dQ}{A_D} = \frac{d(i_P\,t)}{A_D}, \tag{5.1}$$

welche die Entstehung von Oberflächenladungen zur Folge hat. Er kann aus dem Kurzschlussstrom i_P der Probe ermittelt werden

$$p = \frac{i_P}{A_D}\left(\frac{dT}{dt}\right)^{-1}, \tag{5.2}$$

wenn der Temperaturgradient dT/dt bekannt ist. Zur Messung des pyroelektrischen Koeffizienten wird mit einem PELTIER-Element ein konstanter Temperaturgradient erzeugt. Dieser generiert einen pyroelektrischen Strom in der Probe, der mit einem Elektrometer oder einem Lock-In-Verstärker (Stanford Research Systems DSP Lock-In-Verstärker SR850) in Abhängigkeit von der Temperatur gemessen werden kann [42]. Für jede Probe wurden mehrere Messungen durchgeführt und der Mittelwert und die Standardabweichung des pyroelektrischen Koeffizienten berechnet. Die Messunsicherheit des Verfahrens beträgt etwa ± 10 %, was insbesondere auf die Bestimmung des Temperaturgradienten zurückzuführen ist. Ist die Probe geklemmt, dann wird bei der Messung des pyroelektrischen Koeffizienten infolge thermischer

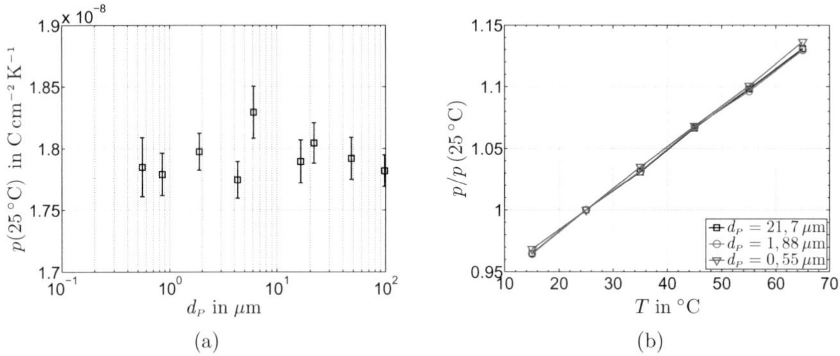

Abb. 5.1: (a) Gemessener pyroelektrischer Koeffizient p in Abhängigkeit von der Sensorelementdicke und (b) Temperaturabhängigkeit des pyroelektrischen Koeffizienten, bezogen auf 25 °C.

Deformation ein zusätzlicher Beitrag durch den piezoelektrischen Effekt erzeugt. Nach [141] ist dieser Sekundärbeitrag für $LiTaO_3$ oberhalb einer Temperatur von 10 K vernachlässigbar klein. Er beträgt bei Raumtemperatur etwa 4 %. Die in dieser Arbeit untersuchten Proben waren nicht geklemmt, wodurch der primäre pyroelektrische Koeffizient gemessen wurde.

Die Messergebnisse zeigen, dass der pyroelektrische Koeffizient unabhängig von der Schichtdicke ist (**Abb. 5.1a**). Bei Raumtemperatur wurde ein mittlerer Wert von $1,79 \cdot 10^{-8}\ \mathrm{C\,cm^{-2}\,K^{-1}}$ ermittelt. Zum Vergleich: Literaturwerte für $LiTaO_3$-Volumenmaterial liegen bei $(1,7 \ldots 2,3) \cdot 10^{-8}\ \mathrm{C\,cm^{-2}\,K^{-1}}$ [42, 48, 142, 143]. Im untersuchten Temperaturbereich von $(15 \ldots 65)$ °C konnte ein positiver Temperaturkoeffizient von ungefähr $0,29\ \%/\mathrm{K}$ ermittelt werden. Bis 65 °C steigt der pyroelektrische Koeffizient auf etwa $2 \cdot 10^{-8}\ \mathrm{C\,cm^{-2}\,K^{-1}}$ an. Der Anstieg ist annähernd linear (**Abb. 5.1b**).

5.2 Relative Permittivität

Die relative Permittivität ε_P ultradünner $LiTaO_3$-Einkristalle wurde entsprechend Gl. (3.25) nach der Beziehung für einen Plattenkondensator mit

$$\varepsilon_P = \frac{C_P\, d_P}{\varepsilon_0\, A_D} \tag{5.3}$$

aus den Messwerten für die Kapazität C_P und die Schichtdicke d_P des Sensorelementes bestimmt. Die Messung der Kapazität erfolgte mit einer RLC-Messbrücke HP-4274A (Hewlett Packard). Das verwendete Messverfahren beruht auf einer Strom-Spannungs-Messung, wobei der von einem bekannten Wechselstrom hervorgerufene Spannungsabfall über der Probe gemessen und daraus die Kapazität bestimmt wird.

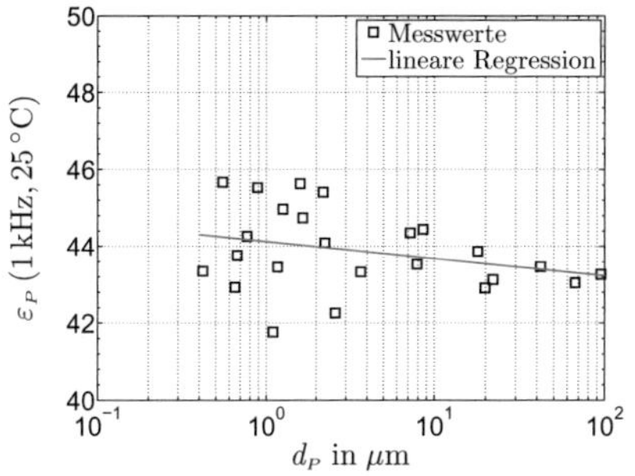

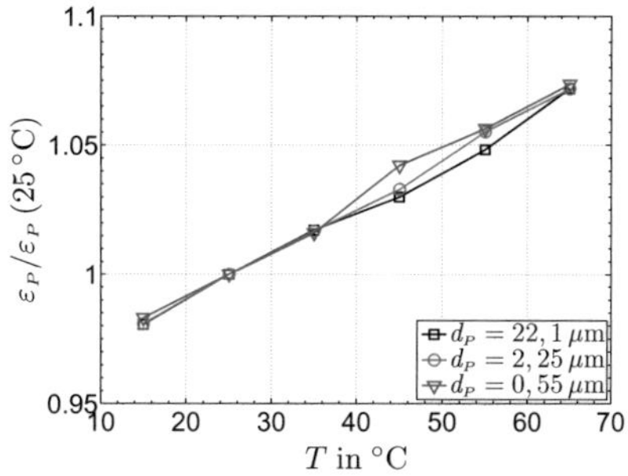

Abb. 5.2: (a) Gemessene relative Permittivität ε_P in Abhängigkeit von der Sensorelementdicke und (b) Temperaturabhängigkeit der relativen Permittivität.

Die verwendete Messfrequenz beträgt 1 kHz. Um eine hohe Messgenauigkeit zu erzielen, kommt dabei die Vierleitermessung (getrennte Zuleitungen für Speisestrom und Messspannung) zum Einsatz. Die Messung der mittleren Sensorelementdicke erfolgte optisch mit einem interferenzbasierten Schichtdickenmessgerät (vgl. Abschnitt 4.2.4). Die Messunsicherheit der Kapazitätsmessung beträgt $\pm 0,5$ %, die der Schichtdickenmessung ± 1 %. Letztere erhöht sich jedoch aufgrund der herstellungsbedingten, für Schichtdicken unter 2 µm nicht zu vernachlässigenden Keiligkeit der Sensorchips, wodurch die exakte Bestimmung der mittleren Schichtdicke des Sensorelementes erschwert wird. Da die Keiligkeit für jeden Sensorchip individuell ist und sich ihr Einfluss mit abnehmender Schichtdicke erhöht, kann die Messunsicherheit nur grob abgeschätzt werden und wird mit maximal ± 10 % angenommen.

Abb. 5.2a zeigt die ermittelten Werte der relativen Permittivität von $LiTaO_3$ in Abhängigkeit von der Schichtdicke. Hier konnte kein signifikanter Einfluss festgestellt werden. Die gemessenen Werte liegen innerhalb des Wertebereichs $\varepsilon_P = 41 \ldots 47$, der in der Literatur [42, 48, 127, 143] für das Volumenmaterial angegeben wird. Für die in dieser Arbeit entstandenen Sensoren kann ein mittlerer Wert von etwa 44 angenommen werden. Die breitere Streuung der Messwerte bei sehr dünnen Schichten resultiert aus der höheren Messunsicherheit für die Bestimmung der mittleren Schichtdicke. Die lineare Annäherung der Messwerte lässt einen leichten Anstieg der Permittivität mit abnehmender Schichtdicke vermuten. Wie Chen et al. in [144] gezeigt haben, können gestörte Oberflächenschichten, die bei der mechanischen Materialbearbeitung entstehen, ein solches Verhalten hervorrufen. Ihre numerischen Berechnungen zeigen, dass gestörte Oberflächenschichten in ferroelektrischen Dünnschichten zu einer Verringerung der Phasenübergangstemperatur T_C und damit zu einer Erhöhung der relativen Permittivität insbesondere bei Temperaturen nahe T_C führen. Ist die Phasenübergangstemperatur wie im Fall von $LiTaO_3$ sehr hoch ($T_C \approx 610$ °C), dann sind die Auswirkungen bei Raumtemperatur vernachlässigbar. Um dennoch einen

Einfluss der Materialbearbeitung auf die Permittivität auszuschließen, wurden einseitig polierte Sensorchips mit einer Dicke von etwa 20 µm hergestellt. Die andere Seite wurde geläppt (Läppmittelkorngröße 3 µm). Durch das Läppen ist die Kristallstruktur des Materials bis zu einer Tiefe von mehreren Mikrometern sehr stark gestört [138]. Das macht sich in einem deutlich höheren dielektrischen Verlustfaktor $\tan\delta$ bemerkbar, der bei den Proben mehr als eine Größenordnung über dem Wert von beidseitig polierten Sensorchips gleicher Dicke lag. Die Messergebnisse der relativen Permittivität weisen jedoch nahezu keine Veränderung auf. Für die geläppten Proben konnte ein mittlerer Wert von $43,7 \pm 0,6$ reproduzierbar gemessen werden. Dies ist nur geringfügig höher als der Wert $43,3 \pm 0,5$ für beidseitig polierte Proben. Ein nennenswerter Einfluss der Materialbearbeitung auf die relative Permittivität besteht folglich nicht.

Die Temperaturabhängigkeit der relativen Permittivität ist im untersuchten Temperaturbereich von $(15\ldots65)$ °C gering und unabhängig von der Schichtdicke (**Abb. 5.2b**). Es konnte ein positiver Temperaturkoeffizient von $0,16$ %/K ermittelt werden. Bis 65 °C steigt der Volumenwert auf etwa 46 an. Der Anstieg ist annähernd linear.

5.3 Dielektrischer Verlust

Der dielektrische Verlust des Sensorelementes spielt als Rauschquelle in pyroelektrischen Einelementsensoren eine wichtige Rolle. Seine Größe und sein Frequenzgang werden von mehreren Faktoren beeinflusst. Der gemessene dielektrische Verlustfaktor $\tan\delta$ kann nach [24] mit

$$\tan\delta = \tan\delta_i + \tan\delta_T + \tan\delta_R \tag{5.4}$$

angegeben werden. Der intrinsische Verlustfaktor $\tan\delta_i$, der im Wesentlichen durch die Kristallqualität bestimmt wird und die wahre Materialgröße darstellt, kann bei Frequenzen um 1 kHz gemessen werden. Kristalldefekte sowie Verunreinigungen im Material bewirken eine Erhöhung des $\tan\delta_i$-Wertes, was z. B. an den geläppten Proben im vorherigen Abschnitt beobachtet wurde. Bei niedrigen Frequenzen steigt der dielektrische Verlust infolge elektrothermischer Kopplungseffekte an [127]. Dieser zusätzliche, thermisch verursachte Anteil $\tan\delta_T$ ist frequenzabhängig und wird von den thermischen Verhältnissen im Sensor (Wärmeaustausch Sensorelement-Umgebung) beeinflusst. Parasitäre Impedanzanteile, z. B. infolge eines Serienwiderstandes, verursachen einen zusätzlichen Anteil $\tan\delta_R$ am gemessenen dielektrischen Verlustfaktor. Dieser im Wesentlichen vom Kontaktwiderstand R_K der Probe herrührende Anteil kann mit

$$\tan\delta_R = \omega R_K C_P \tag{5.5}$$

abgeschätzt werden und bewirkt eine Erhöhung des $\tan\delta$ bei hohen Frequenzen. Der Einfluss ist dabei nicht allein vom Kontaktwiderstand, sondern auch von der Sensorelementkapazität C_P und damit von der Schichtdicke d_P abhängig. Damit die

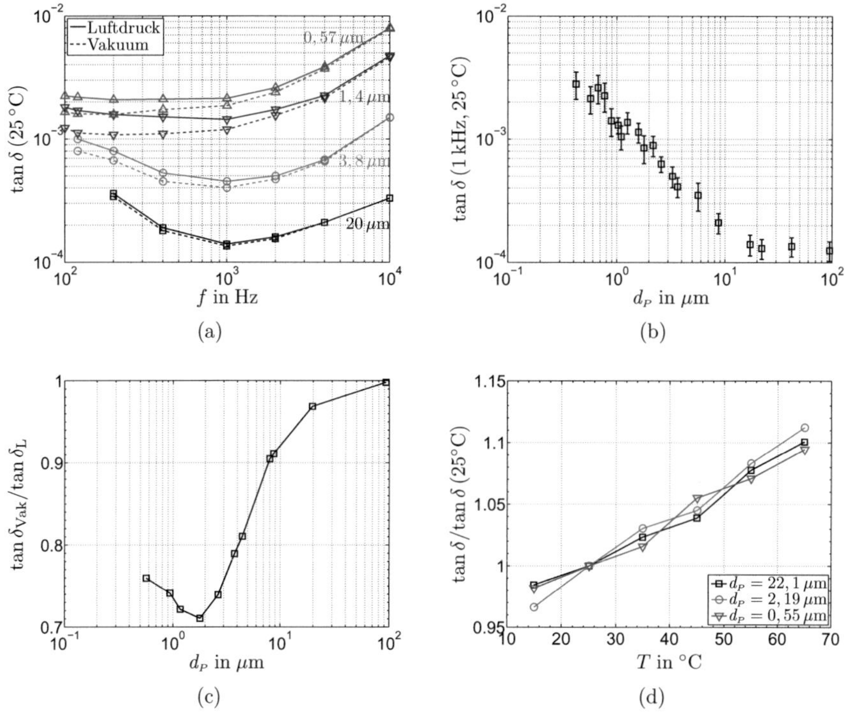

Abb. 5.3: Gemessener dielektrischer Verlustfaktor $\tan\delta$: (a) Frequenzabhängigkeit für unterschiedliche Schichtdicken (Parameter d_P), (b) Dickenabhängigkeit für Luftdruck, (c) $\tan\delta$ im Vakuum (Vak) normiert auf den Wert bei Luftdruck (L) für $f = 200$ Hz und (d) Temperaturabhängigkeit ($f = 1$ kHz, Luftdruck).

Materialgröße $\tan\delta_i$ gemessen werden kann, müssen die genannten Einflüsse minimiert werden. Dies wird durch eine geeignete Probenpräparation (Realisierung möglichst geringer Kontaktwiderstände) und entsprechende Messbedingungen erreicht. Die Messung des dielektrischen Verlustfaktors erfolgte gekoppelt mit der Kapazitätsmessung (vgl. Abschnitt 5.2). Dabei wurden die Proben in einer vollständig abgeschirmten und hermetisch dichten Kammer untergebracht, die evakuiert werden konnte. Die Messungen im Vakuum erfolgten bei einem Druck von etwa 1 Pa. Für jede Probe wurden mehrere Messungen durchgeführt und der Mittelwert und die Standardabweichung des dielektrischen Verlustfaktors berechnet.

Die gemessenen Frequenzgänge des $\tan\delta$ bei Luftdruck weisen bei einer Frequenz von etwa 1 kHz ein Minimum auf (**Abb. 5.3a**), so dass hier im Wesentlichen der intrinsische Verlustfaktor $\tan\delta_i$ gemessen wird. Für das Volumenmaterial liegt dieser bei $1\ldots2\cdot10^{-4}$. Aus den Messergebnissen geht weiterhin hervor, dass der dielektrische Verlustfaktor dickenabhängig ist und mit abnehmender Schichtdicke stark ansteigt (**Abb. 5.3b**). Dieser Anstieg ist insbesondere auf die Wirkung von gestörten Oberflächenschichten zurückzuführen, die eine Erhöhung des intrinsischen Verlustfaktors $\tan\delta_i$ bewirken [21, 24]. Für sehr dünne Schichten nimmt der Beitrag des $\tan\delta_R$-Anteils aufgrund der indirekten Proportionalität zur Schichtdicke bei der Messfrequenz von 1 kHz zu. Da der thermisch bedingte Anteil $\tan\delta_T$ für Schichtdicken unter 2 μm fast ausschließlich von der Wärmeleitung über das umgebende Gas bestimmt wird (vgl. Abschnitt 3.4.4), kann sein Einfluss im untersuchten Frequenzbereich durch eine Messung im Vakuum vernachlässigt werden. Dadurch kann der intrinsische Verlustfaktor ultradünner $LiTaO_3$-Einkristalle bei niedrigeren Frequenzen gemessen werden, wo der Einfluss des $\tan\delta_R$-Anteils geringer ist. Für die untersuchten Proben mit $d_P < 2$ μm liegt das Minimum im Frequenzgang folglich bei etwa 200 Hz. Für diese Frequenz ist der Wert des dielektrischen Verlustfaktors $\tan\delta_{Vak}$ im Vakuum normiert auf den Wert bei Luftdruck in **Abb. 5.3c** dargestellt. Der Verlauf zeigt, dass der im Vakuum gemessene Wert mit abnehmender Schichtdicke sinkt, was auf die Verringerung des $\tan\delta_T$-Anteils zurückzuführen ist. Für Schichtdicken unter 2 μm, wo die Wärmeleitung über das Gas den dominierenden Wärmeaustauschmechanismus darstellt, wird der Abfall plötzlich gestoppt und $\tan\delta$ steigt wieder an. Dieser Anstieg verdeutlicht, dass der intrinsische Verlustfaktor den $\tan\delta_T$-Wert deutlich übersteigt. Da der Beitrag des $\tan\delta_R$-Anteils bei $f = 200$ Hz vernachlässigbar gering ist ($\tan\delta_R(200\ \text{Hz}) \leq 10^{-4}$), wird folglich der reine $\tan\delta_i$-Wert gemessen. Das gilt aber nur für $d_P < 2$ μm, wobei die 200 Hz-Werte im Vakuum gegenüber den 1 kHz-Werten bei Luftdruck um bis zu 30 % niedriger sind. Für Schichtdicken über 2 μm liegt das Minimum bei 1 kHz. Hier sind die Anteile von $\tan\delta_T$ und $\tan\delta_R$ geringer und betragen zusammen nur noch maximal 15%, wobei die Abweichung mit steigender Schichtdicke abnimmt. Folglich ist der wahre intrinsische Verlust etwas geringer als die in **Abb. 5.3b** dargestellten Werte.

Zusammenfassend lässt sich festhalten, dass mit der Reduzierung der Sensorelementdicke auf Werte von weniger als 1 μm der intrinsische dielektrische Verlust um etwa eine Größenordnung gegenüber dem Volumenwert ansteigt ($\tan\delta_i \approx 2 \cdot 10^{-3}$ bei $d_P = 0,5$ μm). Die Temperaturabhängigkeit des dielektrischen Verlustfaktors ist im untersuchten Temperaturbereich von $(15 \ldots 65)$ °C gering und unabhängig von der Schichtdicke (**Abb. 5.3d**). Es konnte ein positiver Temperaturkoeffizient von etwa $0,25$ %/K ermittelt werden. Der Anstieg ist annähernd linear.

5.4 Volumenspezifische Wärmekapazität

Die volumenspezifische Wärmekapazität c'_P lässt sich nicht direkt messen. Sie kann aus der spezifischen Wärmekapazität c_P und der Dichte ϱ mit

$$c'_P = c_P \varrho \tag{5.6}$$

bestimmt werden. Dabei wird die spezifische Wärmekapazität mit einem Kalorimeter gemessen [145]. Wegen der zur Messung von c_P notwendigen Probengeometrie ist dieses

Verfahren nicht geeignet, die volumenspezifische Wärmekapazität der ultradünnen $LiTaO_3$-Einkristalle zu bestimmen. Eine andere Möglichkeit ist über die Messung der Temperaturleitfähigkeit gegeben. Der Wärmetransport in Festkörpern wird allgemein durch die Materialeigenschaften Wärmeleitfähigkeit λ und Temperaturleitfähigkeit a bestimmt. Diese beiden Größen sind über die volumenspezifische Wärmekapazität miteinander verknüpft [146]:

$$c'_P = \frac{\lambda}{a}. \tag{5.7}$$

Ist die Wärmeleitfähigkeit bekannt, so kann durch Messung der Temperaturleitfähigkeit die volumenspezifische Wärmekapazität bestimmt werden. Bei der Temperaturleitfähigkeitsbestimmung (LFA - laser flash analysis) wird die Vorderseite der Probe mit einem kurzen Laserpuls erwärmt. Die so eingebrachte Wärme verteilt sich in der Probe und führt zu einer Erwärmung der Probenrückseite, die mit einem Infrarotdetektor gemessen und aufgezeichnet wird. Der zeitliche Verlauf wird dabei von der Temperaturleitfähigkeit bestimmt, die sich nach [146] aus

$$a = \frac{1}{6}\frac{d^2}{t_m} \tag{5.8}$$

berechnen lässt. Hier ist d die Dicke der Probe und t_m die Zeit zwischen Laserpuls und Maximum des Infrarotdetektorsignals. Die Messunsicherheit des Verfahrens beträgt etwa ±5 % und ist insbesondere auf die Bestimmung der Größe t_m zurückzuführen.

Messungen an 500 µm dicken $LiTaO_3$-Proben ergaben eine mittlere Temperaturleitfähigkeit von $1,29 \cdot 10^{-6}\ \mathrm{m^2/s}$. Nach Gl. (5.7) ergibt sich zusammen mit der vom Hersteller angegebenen Wärmeleitfähigkeit $\lambda = 4,04\ \mathrm{W\,m^{-1}\,K^{-1}}$ eine volumenspezifische Wärmekapazität von $3,13\ \mathrm{J\,cm^{-3}\,K^{-1}}$ für das verwendete $LiTaO_3$-Volumenmaterial. Dieser Wert stimmt gut mit Literaturwerten überein [43]. Die Temperaturabhängigkeit der volumenspezifischen Wärmekapazität ist sehr gering. Hier konnte ein positiver Temperaturkoeffizient von $0,14\ \%/\mathrm{K}$ ermittelt werden. Die Bestimmung der volumenspezifischen Wärmekapazität sehr dünner $LiTaO_3$-Einkristalle war mit dem vorhandenen Messaufbau nicht möglich.

5.5 Optische Eigenschaften

Die direkte Proportionalität zwischen dem Absorptionsgrad des Sensorelementes und der thermischen Auflösung des Detektors geht aus den Gln. (3.50) bis (3.54) hervor. Die standardmäßig ausgenutzte Eigenabsorption des Sensorelementes wird nicht nur vom pyroelektrischen Material, sondern auch von den aufgebrachten Elektroden beeinflusst. Deshalb ist neben der Untersuchung der optischen Eigenschaften von $LiTaO_3$ vor allem das verwendete System *Frontelektrode-$LiTaO_3$-Rückelektrode* unter Berücksichtigung der Dicke des $LiTaO_3$ zu analysieren. Die Messung des spektralen Transmissionsgrades $\tau(\lambda)$ und des spektralen Reflexionsgrades $\rho(\lambda)$ erfolgte mit einem

FTIR-Spektrometer Spectrum 2000 von PerkinElmer. Der spektrale Absorptionsgrad $\alpha(\lambda)$ lässt sich nach dem Energieerhaltungsprinzip aus der Beziehung

$$\alpha(\lambda) = 1 - \tau(\lambda) - \rho(\lambda) \tag{5.9}$$

bestimmen. Nach dem KIRCHHOFFschen Strahlungsgesetz bezeichnet der spektrale Absorptionsgrad eines Körpers das Verhältnis aus seiner spektralen spezifischen Ausstrahlung M_λ und der eines idealen Schwarzen Körpers $M_{\lambda S}$ bei gleicher Wellenlänge und Temperatur. Folglich lässt sich ein Bandabsorptionsgrad α_B definieren als

$$\alpha_B = \frac{\int_{\lambda_1}^{\lambda_2} M_{\lambda S}(\lambda)\, \alpha(\lambda)\, \mathrm{d}\lambda}{\int_{\lambda_1}^{\lambda_2} M_{\lambda S}(\lambda)\, \mathrm{d}\lambda} \tag{5.10}$$

mit

$$M_{\lambda S}(\lambda) = \frac{2\pi c_0^2 h}{\lambda^5} \frac{1}{\exp\left(hc_0/\lambda k_B T\right) - 1}, \tag{5.11}$$

der dieses Verhältnis für einen bestimmten Wellenlängenbereich beschreibt [137]. Hierbei ist h das PLANCKsche Wirkungsquantum, k_B die BOLTZMANN-Konstante und c_0 die Lichtgeschwindigkeit im Vakuum.

Die spektralen Verläufe des Transmissions- (**Abb. 5.4a**) und Reflexionsgrades (**Abb. 5.4b**) von $LiTaO_3$ unterschiedlicher Dicke sind bis zu einer Wellenlänge von etwa 10 µm durch zum Teil sehr starke, dickenabhängige Interferenzerscheinungen geprägt. Die Grenzwellenlänge zum transmissionslosen Bereich verschiebt sich mit abnehmender Schichtdicke zu höheren Wellenlängen, wodurch der mittlere Transmissionsgrad ansteigt. Der für $LiTaO_3$ typische Bereich hoher Reflexion bei (11 ... 20) µm Wellenlänge ist nahezu unabhängig von der Schichtdicke, sofern diese mehr als 1 µm beträgt. Erst für geringere Schichtdicken lässt sich in diesem Bereich eine deutliche Abnahme des Reflexionsgrades beobachten. Das resultierende Absorptionsverhalten von $LiTaO_3$ lässt sich in zwei gering absorbierende Bereiche bei $\lambda = (1 \ldots 9)$ µm und $\lambda = (13 \ldots 17)$ µm sowie zwei gut absorbierende Bereiche bei $\lambda = (9 \ldots 13)$ µm und $\lambda = (17 \ldots 20)$ µm einteilen (**Abb. 5.4c**). Mit abnehmender Schichtdicke verringert sich die Absorption, wobei der Absorptionspeak bei $\lambda = 11$ µm zu höheren Wellenlängen verschoben wird und für Schichtdicken unter 1 µm gänzlich verschwindet. Für derart dünne Schichten absorbiert $LiTaO_3$ nahezu ausschließlich im fernen Infrarot mit einem Absorptionspeak bei $\lambda = 17$ µm. Diese Dickenabhängigkeit der Absorption drückt sich auch im Bandabsorptionsgrad α_B aus, der für die drei technisch bedeutsamen Spektralbereiche

- $\lambda = (3 \ldots 5)$ µm,
- $\lambda = (8 \ldots 14)$ µm,
- $\lambda = (2 \ldots 20)$ µm

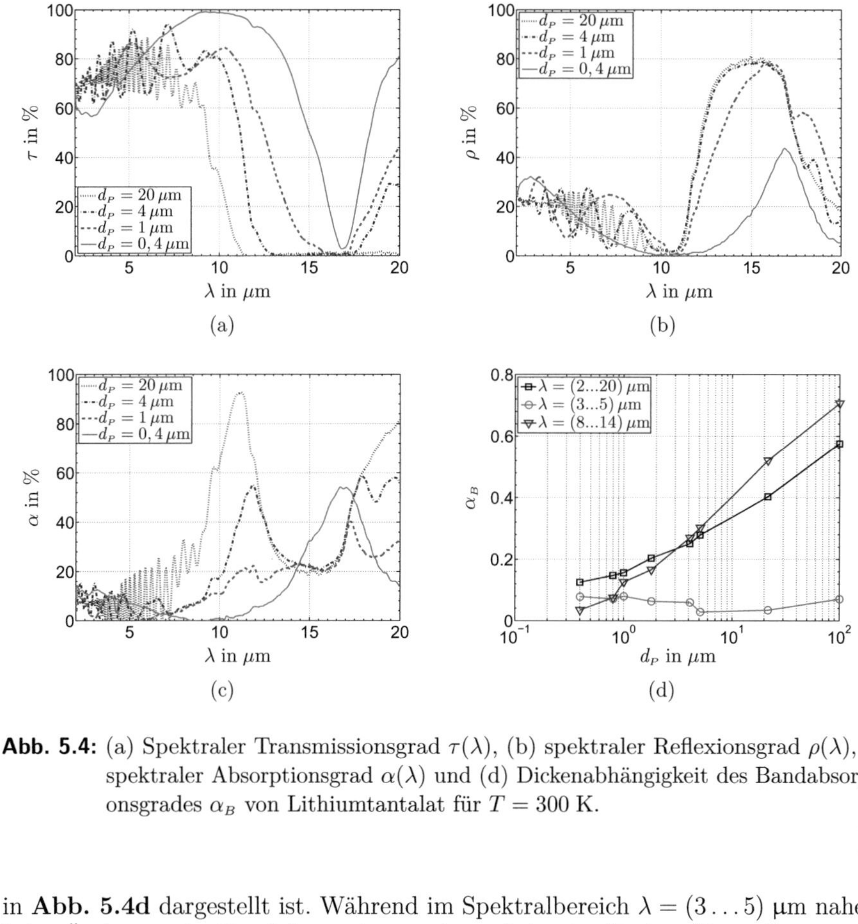

Abb. 5.4: (a) Spektraler Transmissionsgrad $\tau(\lambda)$, (b) spektraler Reflexionsgrad $\rho(\lambda)$, (c) spektraler Absorptionsgrad $\alpha(\lambda)$ und (d) Dickenabhängigkeit des Bandabsorptionsgrades α_B von Lithiumtantalat für $T = 300$ K.

in **Abb. 5.4d** dargestellt ist. Während im Spektralbereich $\lambda = (3 \ldots 5)$ μm nahezu keine Änderung des Bandabsorptionsgrades auftritt, ist für $\lambda = (8 \ldots 14)$ μm sowie im gesamten untersuchten Wellenlängenbereich eine deutliche Verringerung von α_B bei abnehmender Schichtdicke zu verzeichnen.

Das aufgebrachte Elektrodensystem übt einen wesentlichen Einfluss auf das Absorptionsverhalten des Sensorelementes aus. Aus den gemessenen spektralen Verläufen des Transmissionsgrades von $LiTaO_3$ mit Standardelektroden geht hervor, dass die Dicke des $LiTaO_3$ keinen Einfluss auf die Höhe der Transmission hat (**Abb. 5.5a**). Einzig der Übergang zum transmissionslosen Bereich sowie dessen Breite wird von der Dicke des $LiTaO_3$ bestimmt. Die maximale Transmission liegt bei nur etwa 3 %. Das Absorptionsverhalten wird folglich vom Reflexionsverhalten bestimmt. Das Reflexionsverhalten ist bis zu einer Wellenlänge von etwa 10 μm von sehr starken, dickenabhängigen Interferenzerscheinungen geprägt (**Abb. 5.5b**). Oberhalb dieser Wellenlänge wird es nur unwesentlich von der Dicke des $LiTaO_3$ beeinflusst, sofern

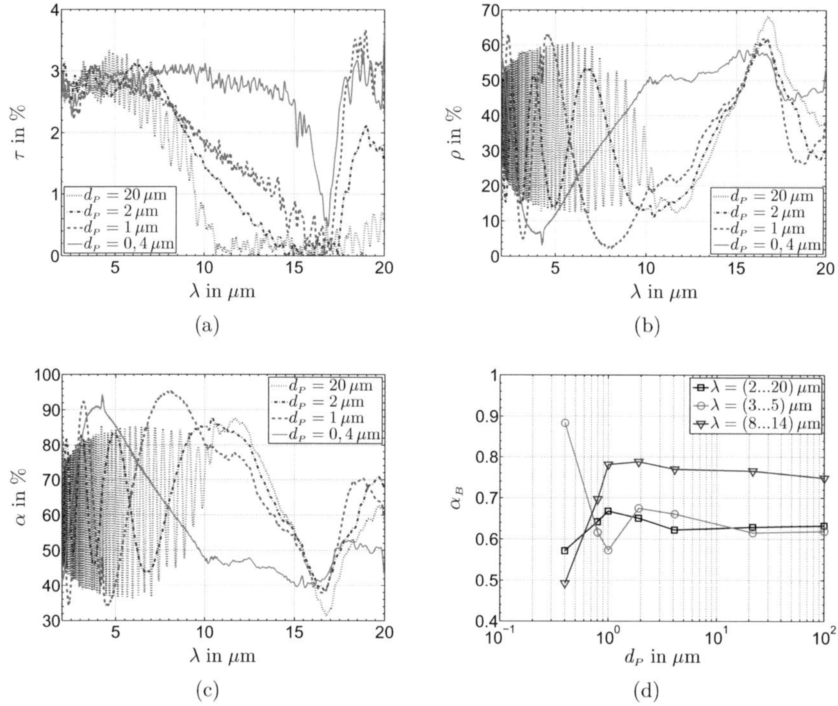

Abb. 5.5: (a) Spektraler Transmissionsgrad $\tau(\lambda)$, (b) spektraler Reflexionsgrad $\rho(\lambda)$, (c) spektraler Absorptionsgrad $\alpha(\lambda)$ und (d) Dickenabhängigkeit des Bandabsorptionsgrades α_B von Lithiumtantalat mit Standardelektroden für $T = 300$ K.

$d_P \geq 1$ µm ist. Erst für Schichtdicken unter 1 µm nimmt die Reflexion deutlich zu. Die aus den Interferenzen der Reflexion resultierende starke spektrale Abhängigkeit des Absorptionsgrades (**Abb. 5.5c**) ist im Allgemeinen sehr nachteilig und insbesondere bei schmalbandigen Anwendungen zu beachten. Mit der Reduzierung der Schichtdicke auf Werte unter 2 µm werden die Interferenzen zunehmend breitbandiger. Durch geschickte Wahl der Schichtdicke können die Interferenzerscheinungen somit ausgenutzt werden, um ohne Aufbringen einer zusätzlichen Absorptionsschicht eine nahezu gleichmäßige und hohe Absorption in einem gewünschten, jedoch nicht zu großen Spektralbereich zu erreichen. Für die bereits genannten, technisch interessanten Spektralbereiche existiert folglich eine optimale Schichtdicke, bei der die Absorption maximal ist. Für den Spektralbereich $\lambda = (3 \ldots 5)$ µm liegt diese bei etwa $0,4$ µm, was in einem sehr hohen Bandabsorptionsgrad von annähernd 0,9 resultiert (**Abb. 5.5d**). Für den Spektralbereich $\lambda = (8 \ldots 14)$ µm liegt die optimale Schichtdicke hingegen bei etwa 2 µm mit einem Bandabsorptionsgrad von knapp 0,8.

Für $d_P \geq 1$ µm beeinflusst die Schichtdicke den spektralen Absorptionsgrad im Wesentlichen nur bis zu einer Wellenlänge von etwa 10 µm, d. h. insbesondere im nahen und mittleren Infrarotbereich. Dadurch besitzt der Bandabsorptionsgrad im Spektralbereich $\lambda = (8 \ldots 14)$ µm nur eine sehr geringe Dickenabhängigkeit. Erst für Schichtdicken von weniger als 1 µm ist hier eine Abnahme von α_B zu verzeichnen. Das gleiche Verhalten zeigt der Bandabsorptionsgrad des gesamten untersuchen Wellenlängenbereiches. Hier ist der Abfall von α_B für $d_P < 1$ µm jedoch geringer. Folglich wird mit der Reduzierung der Sensorelementdicke die schwarze Empfindlichkeit pyroelektrischer Detektoren nur unwesentlich beeinflusst. Für die in dieser Arbeit entstandenen Sensoren kann ein mittlerer Bandabsorptionsgrad von etwa 0,63 angenommen werden. Durch technologisch bedingte Schwankungen der Dicke der Sensorelektroden ergeben sich Abweichungen der berechneten Bandabsorptionsgrade von bis zu ±3 % [96].

5.6 Materialkenngrößen

Aus den Messwerten für den pyroelektrischen Koeffizienten p, die relative Permittivität ε_P, den dielektrischen Verlustfaktor $\tan\delta$ und die volumenspezifische Wärmekapazität c'_P lassen sich die im Abschnitt 3.4.2 definierten sensorspezifischen Materialkenngrößen in Abhängigkeit von der Schichtdicke berechnen. Da die volumenspezifische Wärmekapazität nur für dicke Proben bestimmt werden konnte, muss zur Berechnung der Materialkenngrößen der Wert des Volumenmaterials verwendet und als dickenunabhängig angenommen werden. Als Folge dessen weisen die Materialkenngrößen M_W, M_I und M_U keine Dickenabhängigkeit auf, da sowohl der pyroelektrische Koeffizient als auch die relative Permittivität unabhängig von der Schichtdicke sind. Die Temperaturabhängigkeit der Materialkenngrößen (insbesondere M_U und M_D) ist im untersuchten Temperaturbereich von (15...65) °C sehr gering (**Tab. 5.1**), weil sich die positiven Temperaturkoeffizienten der einzelnen Materialgrößen zum Teil kompensieren. Dies ist ein wesentlicher Vorteil des $LiTaO_3$ gegenüber anderen pyroelektrischen Materialien, wie z. B. PZT, PVDF und TGS.

Wie bereits in Abschnitt 3.4.2 erläutert, ermöglicht die Materialkenngröße M_D den Vergleich unterschiedlicher Pyroelektrika bezüglich der zu erwartenden thermischen Auflösung. Als Folge des Anstiegs des dielektrischen Verlustfaktors mit abnehmender Schichtdicke ist die Materialkenngröße M_D dickenabhängig (**Abb. 5.6**). Ihr Wert

Tab. 5.1: Ermittelte Raumtemperaturwerte und Temperaturkoeffizienten der Materialkenngrößen des verwendeten $LiTaO_3$.

Gütekennwert	M_W	M_I	M_U	M_D
Wert in C cm J^{-1}	$5,7 \cdot 10^{-7}$	$5,7 \cdot 10^{-7}$	$1,3 \cdot 10^{-6}$	$7,1 \cdot 10^{-8*}$
Temperaturkoeffizient in %/K	0,18	0,18	0,02	-0,03

* Für Volumenmaterial mit $\tan\delta = 1,5 \cdot 10^{-4}$.

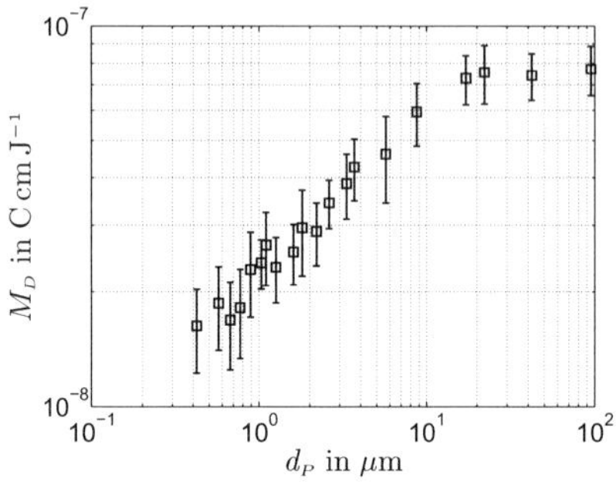

Abb. 5.6: Dickenabhängigkeit des Materialgütekennwertes M_D für die in Abb. 5.3b angegebenen $\tan\delta$-Werte ($f = 1$ kHz, Luftdruck, Raumtemperatur).

verringert sich für Schichtdicken unter 1 µm auf etwa 1/3 bis 1/4 des Volumenwertes. Damit ermöglicht das Material Detektivitätswerte nahe der Auflösungsgrenze nur noch für Frequenzen unterhalb 10 Hz (unter Vernachlässigung der anderen Rauschquellen - vgl. **Abb. 3.9**). Zum Erreichen höherer M_D-Werte auch bei sehr dünnen Schichten muss folglich der dielektrische Verlustfaktor verringert werden. Dieser wird von der Materialbearbeitung, also der chemisch-mechanischen Politur und dem Ionenstrahlätzen, beeinflusst, wodurch Störungen in der Kristalloberfläche hervorgerufen werden. Um einen Einfluss der chemisch-mechanischen Politur auf den $\tan\delta$ auszuschließen, wurden beidseitig geätzte Sensorchips hergestellt, an denen mittels Ionenstrahlätzen ein Materialabtrag von mehr als 10 µm pro Seite erfolgte. Messungen des $\tan\delta$ ergaben jedoch keine Verbesserung. Auch ein weiteres Herabsetzen der Ionenenergie und Ionenstromdichte beim Ätzen (vgl. Abschnitt 4.2.3) führte zu keiner messbaren Verringerung des $\tan\delta$. Ein zusätzlicher, sehr geringer Materialabtrag erfolgt durch die Plasmareinigung kurz vor dem Aufdampfen der Sensorelektroden. Dieser Beglimmvorgang ist notwendig, um die Haftfestigkeit der aufgedampften Metallschichten zu gewährleisten. Ein entsprechender Einfluss auf den $\tan\delta$ konnte in [21] an TGS-Sensorchips nachgewiesen werden. Die in dieser Arbeit verwendeten Parameter des Beglimmvorgangs sind bereits optimiert. Auf das Beglimmen kann aber nicht verzichtet werden, weil sonst die Langzeitstabilität der Sensorelektroden nicht gegeben ist.

Eine weitere Ursache kann in der Materialzusammensetzung liegen, da die Materialeigenschaften des $LiTaO_3$ von seiner chemischen Zusammensetzung abhängig sind und durch das Li/Ta-Verhältnis beeinflusst werden [147]. Die perfekte stöchiometrische Zusammensetzung beträgt $[Li]/[Li{+}Ta] = 0,5$. Kommerzielle Kristalle weisen gewöhnlich ein geringes Lithium-Defizit auf, weil sich während der Kristallzüchtung die Schmelzzusammensetzung von der Stöchiometrie hin zu einem leichten Ta-Überschuss verändert [148]. Auch das in dieser Arbeit verwendete $LiTaO_3$ besitzt nicht die perfekte stöchiometrische Zusammensetzung, sondern ein [Li]/[Li+Ta]-Molverhältnis von etwa 0,485. Als Folge dieses Lithium-Defizits besitzt der Kristall intrinsische Defekte, die den dielektrischen Verlustfaktor beeinflussen können.

Stöchiometrisches bzw. nahezu stöchiometrisches $LiTaO_3$ (SLT) wird meist mit der Doppeltiegel-Methode nach dem Czochralski-Verfahren aus einer Li-reichen Schmelze mit etwa 60 mol % Li_2O hergestellt [149]. Das wesentlich aufwendigere Herstellungsverfahren erhöht die Kosten für einen SLT-Wafer auf etwa das Zehnfache eines herkömmlichen, nichtstöchiometrischen $LiTaO_3$-Wafers gleicher Größe. Eingesetzt werden SLT-Kristalle vorwiegend in der nichlinearen Optik, wie z. B. für die Quasi-Phasenanpassung, mit deren Hilfe u. a. Laser sehr effizient frequenzverdoppelt werden können [150]. Pyroelektrische Detektoren auf der Basis von SLT sind nicht bekannt. Da in der Literatur keine Angaben über die pyroelektrischen und dielektrischen Eigenschaften von stöchiometrischem Lithiumtantalat gefunden werden konnten, erfolgten eigene Untersuchungen. Für diesen Zweck wurde von der Firma OXIDE Corp. ein Bruchstück eines 3"-SLT-Wafers mit einem [Li]/[Li+Ta]-Molverhältnis von etwa 0,4995 verwendet. Die Ergebnisse der Materialuntersuchungen sind in **Tab. 5.2** zusammengefasst. Die Werte der Materialkenngrößen von SLT sind im Vergleich zu dem in dieser Arbeit eingesetzten kongruenten $LiTaO_3$ (CLT) geringer. Dies ist auf den niedrigeren pyroelektrischen Koeffizienten und die höhere volumenspezifische Wärmekapazität des SLT zurückzuführen. Für Einelementsensoren vorteilhaft ist die geringere relative Permittivität des SLT. Sehr nachteilig ist allerdings die mehr als doppelt so hohe Wärmeleitfähigkeit, was auf den perfekten Kristallaufbau zurückzuführen ist. Beim dielektrischen Verlustfaktor gibt es nahezu keinen Unterschied. Er war bei den untersuchten SLT-Proben sogar geringfügig höher als beim CLT und betrug im Mittel etwa $2 \cdot 10^{-4}$ für das Volumenmaterial. Seine Dickenabhängigkeit entspricht genau der des CLT, weshalb ein Einfluss der stöchiometrischen Zusammen-

Tab. 5.2: Vergleich wichtiger Materialeigenschaften des verwendeten $LiTaO_3$ (CLT) mit denen von stöchiometrischem $LiTaO_3$ (SLT).

Parameter	CLT	SLT
Hersteller	Roditi	Oxide Corp.
Herstellerangaben:		
[Li]/[Li+Ta]Molverhältnis in %	48,5	49,95
CURIE-Temperatur T_C in °C	603,5	690
Dichte ϱ in $\mathrm{g\,cm^{-3}}$	7,465	7,425
Wärmeleitfähigkeit λ in $\mathrm{W\,m^{-1}\,K^{-1}}$	4,04	8,78
Volumenspezif. Wärmekapazität c_p' in $\mathrm{J\,cm^{-3}\,K^{-1}}$	3,09	-
Eigene Messergebnisse:		
Pyroelektrischer Koeffizient p in $\mathrm{nC\,cm^{-2}\,K^{-1}}$	17,9	16
Relative Permittivität ε_P	44	38
Dielektrischer Verlustfaktor $\tan\delta(1\ \mathrm{kHz})$	$1\ldots 2 \cdot 10^{-4}$	$\approx 2 \cdot 10^{-4}$
Volumenspezif. Wärmekapazität c_p' in $\mathrm{J\,cm^{-3}\,K^{-1}}$	3,13	3,58
Materialkenngröße M_D in $\mathrm{C\,cm\,J^{-1}}$ ($\tan\delta = 2 \cdot 10^{-4}$)	$6,1 \cdot 10^{-8}$	$5,1 \cdot 10^{-8}$

setzung auf den dielektrischen Verlustfaktor ausgeschlossen werden kann. Letzlich müssen die vom Ionenbeschuss entstandenen Kristallschäden als Ursache für die Erhöhung des $\tan\delta$ und die damit verbundene Verringerung der Materialkenngröße M_D angesehen werden. Obwohl bei den verwendeten Ionenenergien die mittlere Eindringtiefe der Primärionen nur etwa $(1\ldots2)$ nm beträgt, kann die Dicke der gestörten Oberflächenschichten deutlich größer sein, weil ihre Stöße mit dem Kristallgitter zu Punktdefekten und Atomumordnungen führen können. Durch die verwendeten, sehr geringen Ionenenergien ist die Ausbildung der gestörten Oberflächenschichten weitestgehend minimiert und der durch die Schichtdickenreduzierung erzielte Gewinn an Detektivität sollte nicht durch ein erhöhtes $\tan\delta$-Rauschen kompensiert werden.

6 Sensorkenngrößen ultradünner Lithiumtantalat-Einelementsensoren

Für die Messung der Sensorkenngrößen der in Kapitel 4 beschriebenen ultradünnen $LiTaO_3$-Infrarotsensoren wurde der in **Abb. 4.11** dargestellte Aufbau verwendet und alle Sensorchips mit dem gleichen Vorverstärker betrieben. Damit ist ein direkter Vergleich der Chipeigenschaften möglich. Die in diesem Kapitel untersuchten Sensoren besitzen keine zusätzliche Absorptions- oder Antireflexionsschicht (dies ist Gegenstand von Kapitel 7) und wurden nach der im Abschnitt 4.2.2 beschriebenen Technologie hergestellt. Die Messergebnisse werden mit Simulationswerten verglichen, wobei für die Simulation das im Abschnitt 3.2.1 angegebene thermische Modell zum Einsatz kommt und die im Kapitel 5 ermittelten Werte der Materialeigenschaften verwendet werden.

6.1 Schwarze Empfindlichkeit

Die Messung der Empfindlichkeit erfolgte in einer speziellen Vakuum-Sensoraufnahme mit ZnSe-Fenster, in das die Sensoren ohne Gehäusedeckel (vgl. **Abb. 4.11**) eingebaut wurden. Als Strahlungsquelle diente ein schwarzer Strahler CS 500 der DIAS Infrared GmbH mit einer Temperatur von 500 K. Mit einer Chopperbaugruppe MC1000A von Thorlabs konnte die Strahlung im Frequenzbereich von 1 Hz bis 1 kHz moduliert werden. Der Effektivwert der Sensorsignalspannung wurde bei der jeweiligen Frequenz mit einem Lock-In-Verstärker EG&G 7265 gemessen. Die Messunsicherheit beträgt etwa ± 5 %. Zur Kalibrierung des verwendeten Messaufbaus kamen kommerzielle Infrarotsensoren zum Einsatz. Aus der bekannten Strahlungsempfindlichkeit dieser Sensoren wurde durch Messung der Signalspannung eine mittlere Bestrahlungsstärke am Sensorelement berechnet, mit der sich die Empfindlichkeit der realisierten Sensoren ermitteln lässt. Für den Fenstertransmissionsgrad τ_F kann der Wert Eins angenommen werden, weil der Transmissionsgrad des ZnSe-Fensters der Vakuum-Sensoraufnahme herausgerechnet wurde. Für die Messungen im Vakuum wurde zur Vakuumerzeugung eine zweistufige Drehschieberpumpe Edwards E2M-1.5 benutzt, die einen Enddruck von weniger als 1 Pa erreicht.

Die gemessenen Frequenzgänge der Empfindlichkeit ultradünner $LiTaO_3$-Sensoren weisen für Frequenzen ab etwa 10 Hz die aus Gl. (3.3) resultierende $1/f$-Abhängigkeit auf. Dabei ist die Empfindlichkeit von der Sensorelementdicke unabhängig. Für niedrige Modulationsfrequenzen sinkt die Empfindlichkeit mit abnehmender Schichtdicke (**Abb. 6.1a**). Wie bereits in Abschnitt 3.4.4 untersucht wurde, sind die durch Wärmeleitung über das umgebende Gas hervorgerufenen thermischen Verluste die Ursache für diesen Empfindlichkeitsabfall. Durch eine Evakuierung des Sensorgehäuses kann die

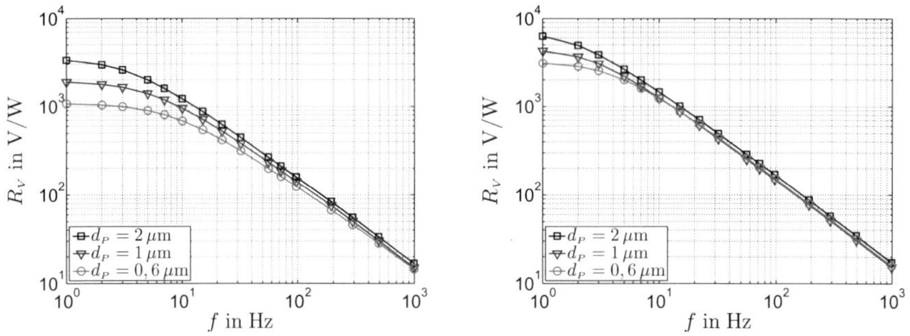

Abb. 6.1: Gemessene schwarze Empfindlichkeit R_V von Standardsensoren (Sensorlayout 1) mit $A_D = (1\,\mathrm{x}\,1)$ mm^2 und unterschiedlichen Sensorelementdicken d_P (a) in Luft und (b) in Vakuum.

Empfindlichkeit folglich deutlich gesteigert werden (**Abb. 6.1b**). Die Messergebnisse im Vakuum weisen für $f < 10$ Hz dennoch eine geringe Dickenabhängigkeit auf, die gemäß Gl. (3.69) nicht auftreten sollte. Ein Vergleich mit den Simulationswerten zeigt, dass die Abweichung zwischen den simulierten Kurven und den Messwerten bei niedrigen Frequenzen für die Standardsensoren (Sensorlayout 1) durch die Wärmeabfuhr über die Sensorelektrodenverstärkung[1] verursacht wird, die für $d_P < 2$ µm nicht mehr zu vernachlässigen ist (**Abb. 6.2a**). Im Interesse einer maximalen Empfindlichkeit bei niedrigen Frequenzen muss die Breite der Elektrodenverstärkung folglich reduziert werden. Sie sollte maximal 1/5 der Sensorelementbreite betragen und erst im Kontaktierungsbereich am Chiprand aus Gründen der leichteren Kontaktierung etwas breiter gestaltet werden. Durch den thermischen Isolationsgraben wird diese Bedingung beim Sensorlayout 2 erfüllt. Hier beträgt die Breite der Elektrodenverstärkungen nur etwa 1/7 der Sensorelementbreite (vgl. **Abb. 4.1** und **4.9**). Wird die Wärmeabfuhr über die Sensorelektroden im thermischen Modell berücksichtigt, dann stimmen die simulierten Kurven mit den Messwerten sehr gut überein (**Abb. 6.2b**).

Die durch den thermischen Isolationsgraben beim Sensorlayout 2 verringerte Wärmeabfuhr vom Sensorelement hat bei Luftdruck keine Auswirkungen auf die Empfindlichkeit (**Abb. 6.3a**). Wie bereits in Abschnitt 3.4.4 gezeigt wurde, bestimmt für derart dünne Sensorelemente die Wärmeleitung über das umgebende Gas den thermischen Leitwert. Erst im Vakuum kann durch den Isolationsgraben eine Steigerung der Empfindlichkeit erreicht werden (**Abb. 6.3b**). Der Frequenzgang der Empfindlichkeit weist dann im gesamten untersuchten Frequenzbereich eine annähernde $1/f$-Abhängigkeit auf, was die sehr gute thermische Isolation des Sensorelementes bestätigt.

Nach Gleichung (3.33) ist die Empfindlichkeit für $\omega^2\tau_{th}^2 \gg 1$ und $\omega^2\tau_{el}^2 \gg 1$ in-

[1] Die Berechnung des thermischen Leitwertes der Sensorelektroden erfolgt im Anhang A.3.

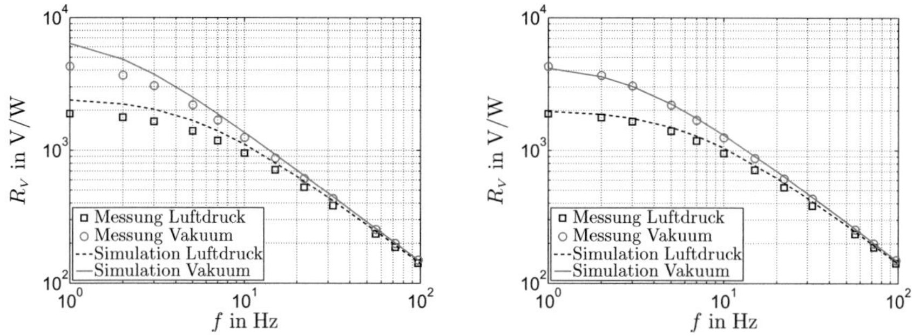

(a) (b)

Abb. 6.2: Vergleich von berechneter und gemessener schwarzer Empfindlichkeit R_V am Beispiel des Sensors mit $d_P = 1$ µm aus Abb. 6.1 für (a) das in Abschnitt 3.2.1 angegebene thermische Modell und (b) unter zusätzlicher Berücksichtigung der Wärmeabfuhr über die Sensorelektroden (vgl. Anhang A.3).

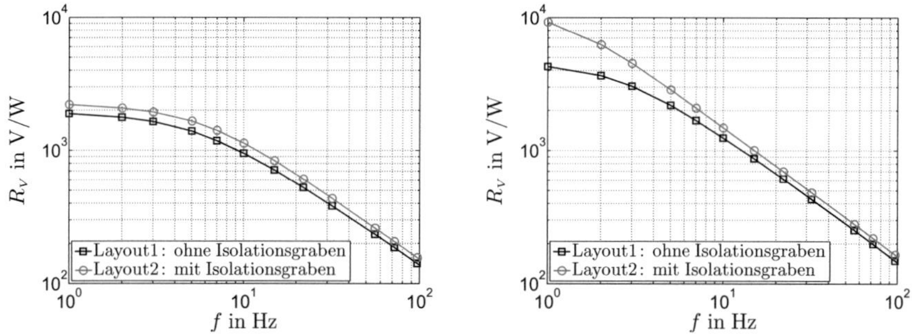

(a) (b)

Abb. 6.3: Einfluss des Sensorlayouts auf die schwarze Empfindlichkeit R_V (a) in Luft und (b) in Vakuum. $A_D = (1\,\mathrm{x}\,1)$ mm², $d_P = 1$ µm.

direkt proportional zur Detektorfläche. Die Messergebnisse bestätigen dies (**Abb. 6.4**). Dabei ist der Abfall der Empfindlichkeit bei niedrigen Frequenzen für kleine Detektorflächen wesentlich größer. Dies ist auf die stärkere Wirkung der lateralen Wärmeleitung zurückzuführen, weshalb insbesondere bei kleinen Detektorflächen ein thermischer Isolationsgraben notwendig ist. Ist die Sensorelementkapazität nicht wesentlich größer als die Eingangskapazität des Vorverstärkers ($C_{eV} = 30$ pF), führt dies zu einer Verringerung der Empfindlichkeit. Dies betrifft insbesondere die Sensoren mit einer Detektorfläche $A_D = 0,25$ mm², sofern die Sensorelementdicke d_P nicht kleiner als $0,5$ µm ist (vgl. **Abb. 6.4**). Für den gewählten Vorverstärker sollte

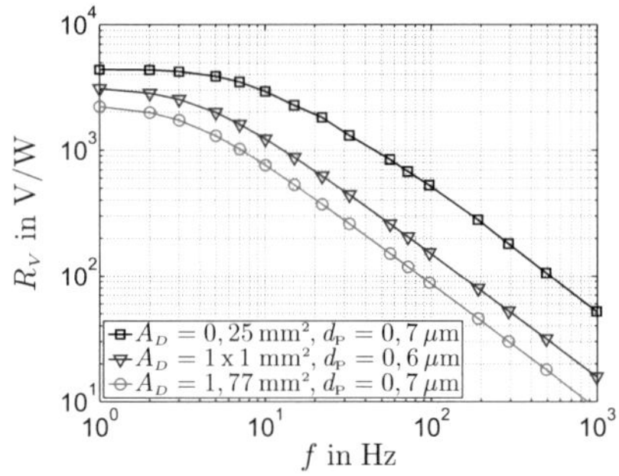

Abb. 6.4: Gemessene schwarze Empfindlichkeit R_V im Vakuum von Sensoren mit unterschiedlichen Detektorflächen A_D und (annähernd) gleicher Sensorelementdicke d_P (Sensorlayout 1).

im Interesse einer maximalen thermischen Auflösung die Detektorfläche bei einer maximalen Sensorelementdicke von etwa 2 µm folglich nicht kleiner als (1 x 1) mm² sein.

Aus den Messwerten der schwarzen Empfindlichkeit lässt sich der Einfluss der Sensorelementdicke auf das Absorptionsverhalten der ultradünnen $LiTaO_3$-Sensoren bestimmen. Dazu werden die Empfindlichkeitswerte bei einer hohen Modulationsfrequenz verglichen, wo keine thermischen Effekte mehr wirken (**Abb. 6.5**). Die gute Übereinstimmung mit dem relativen Verlauf des in Abschnitt 5.5 gemessenen Bandabsorptionsgrades α_B für den Wellenlängenbereich $\lambda = (2 \ldots 20)$ µm bestätigt, dass der Absorptionsgrad des Sensorelementes erst für Schichtdicken von weniger

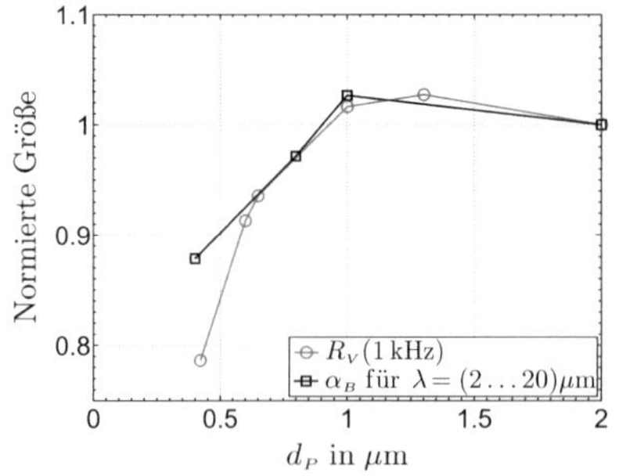

Abb. 6.5: Dickenabhängigkeit des Absorptionsverhaltens ultradünner $LiTaO_3$-Sensoren, bestimmt aus der bei $f = 1$ kHz gemessenen schwarzen Empfindlichkeit R_V für Sensoren mit $A_D = (1 \times 1)$ mm². Zum Vergleich dient die Dickenabhängigkeit des in Abschnitt 5.5 gemessenen Bandabsorptionsgrades α_B für $\lambda = (2 \ldots 20)$ µm. Beide Größen sind jeweils auf den Wert für $d_P = 2$ µm normiert.

als 1 µm abnimmt. Für $d_P < 0,6$ µm ist der aus der schwarzen Empfindlichkeit ermittelte Absorptionsgrad geringer als der gemessene Bandabsorptionsgrad, weil hier auch Wellenlängen $\lambda < 2$ µm berücksichtigt werden, wo sich für derart dünne Sensorelemente gerade ein breites Interferenzminimum befindet (vgl. **Abb. 5.5c**). Folglich beträgt der Absorptionsgrad bei einer Schichtdicke von 0,4 µm nur noch etwa 0,5. Für einen Sensor mit einem 0,6 µm dicken Sensorelement kann schließlich ein Absorptionsgrad von etwa 0,6 angenommen werden.

6.2 Spektrale Empfindlichkeit

Zur Messung der spektralen Empfindlichkeit wurde ein Gitter-Monochromator von LOT-Oriel verwendet, mit dem der spektrale Verlauf der Empfindlichkeit im Wellenlängenbereich $\lambda = (1 \ldots 15)$ µm untersucht werden kann. Die Messungen erfolgten bei einer Modulationsfrequenz von 15 Hz. Die Messunsicherheit des verwendeten Messaufbaus beträgt etwa ±15 %, weshalb nur die relative spektrale Empfindlichkeit angegeben wird.

Mit den gemessenen Verläufen der relativen spektralen Empfindlichkeit ultradünner $LiTaO_3$-Sensoren können die Messergebnisse aus Abschnitt 5.5 bestätigt werden (**Abb. 6.6**). Die Eigenabsorption des Systems *Frontelektrode-LiTaO*$_3$*-Rückelektrode* ist im Spektralbereich $\lambda = (3 \ldots 5)$ µm für eine Schichtdicke $d_P \approx 0,4$ µm und im Spektralbereich $\lambda = (8 \ldots 14)$ µm für $d_P \approx 2$ µm maximal. Bis zu einer Wellenlänge von etwa 10 µm ist das Absorptionsverhalten von sehr starken, dickenabhängigen Interferenzerscheinungen geprägt. Bei höheren Wellenlängen sinkt die Absorption für $d_P < 2$ µm mit abnehmender Schichtdicke. Folglich ist der Einsatz einer Absorptionsschicht notwendig, damit im technisch interessanten Wellenlängenbereich von $(2 \ldots 20)$ µm eine gleichmäßige und möglichst hohe Absorption erreicht werden kann.

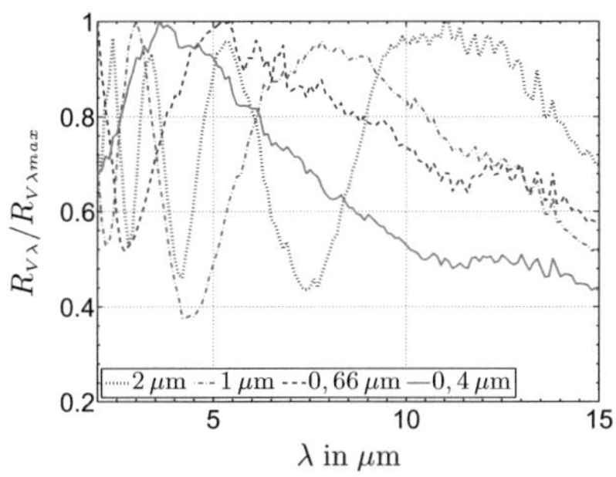

Abb. 6.6: Verlauf der spektralen Empfindlichkeit $R_{V\lambda}$ für unterschiedliche Sensorelementdicken d_P, normiert auf den jeweiligen Maximalwert.

6.3 Rauschen

Zur Bestimmung der thermischen Auflösung ist neben der Frequenzabhängigkeit der Strahlungsempfindlichkeit auch die Frequenzabhängigkeit der normierten Rauschspannung $\tilde{u}_{Rn}$ zu ermitteln. Die Messung von $\tilde{u}_{Rn}$ erfolgte mit einem selektiven Nanovoltmeter Unipan 237. Dazu wird die Rauschspannung am Ausgang des Sensorvorverstärkers schmalbandig[2] gemessen und über mehrere Minuten aufgezeichnet. Durch anschließende Mittelung und Normierung auf eine Bandbreite von 1 Hz erhält man die normierte Rauschspannung $\tilde{u}_{Rn}$. Der Sensor ist während der Messung in der im Abschnitt 6.1 beschriebenen Sensoraufnahme untergebracht und vor elektromagnetischer Strahlung sowie Erschütterungen geschützt. Die Messungen im Vakuum erfolgten ebenfalls bei einem Druck von etwa 1 Pa.

Die Rauschspannung ist von der Sensorelementdicke d_P (**Abb. 6.7a**) und der Größe der Detektorfläche A_D (**Abb. 6.7b**) abhängig. Sie ist umso geringer, je kleiner d_P bzw. je größer A_D ist. Die untere Rauschspannungsgrenze bei hohen Frequenzen ist durch das Spannungsrauschen des Vorverstärkers gegeben, das nicht von geometrisch-konstruktiven Sensorparametern abhängig ist (vgl. Gl. (3.43)). Für die Simulationen wurde hier der im Datenblatt des eingesetzten SFET 2SK170 angegebene Wert von $1\,\mathrm{nV\,Hz^{-1/2}}$ verwendet. Beim Vergleich der Messwerte mit den Simulationskurven zeigt sich eine gute Übereinstimmung bis zu einer Frequenz von etwa 2 kHz (**Abb. 6.8**). Die Abweichung im kHz-Bereich deutet auf ein höheres Spannungsrauschen hin als für die Simulationen angenommen wurde. Ursache könnte die in **Abb. 4.11b** dargestellte Konstantstromquelle sein, die ebenfalls Bestandteil des Sensors ist.

Aus den Messergebnissen geht weiterhin hervor, dass mit dem gewählten Vorverstärker die Rauschquellen des Sensorchips, d. h. das Temperaturrauschen (**Abb. 6.9a**) und

[2]Flankensteilheit 40 dB/Okt

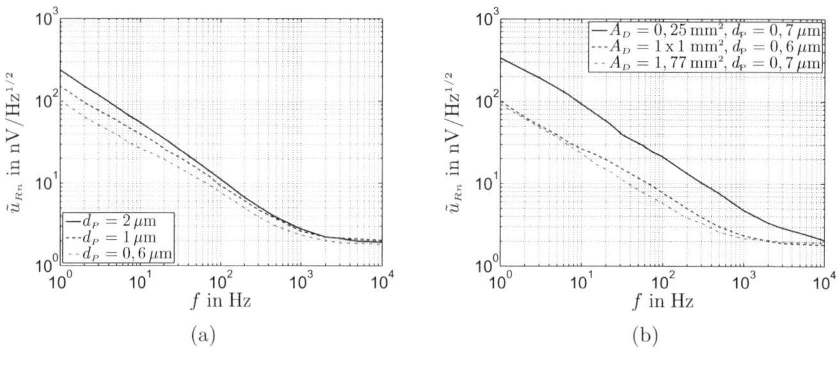

Abb. 6.7: Gemessene Frequenzgänge der normierten Rauschspannung $\tilde{u}_{Rn}$ von Standardsensoren im Vakuum für (a) unterschiedliche Sensorelementdicken d_P bei $A_D = (1 \times 1)$ mm² und für (b) unterschiedliche Detektorflächen A_D.

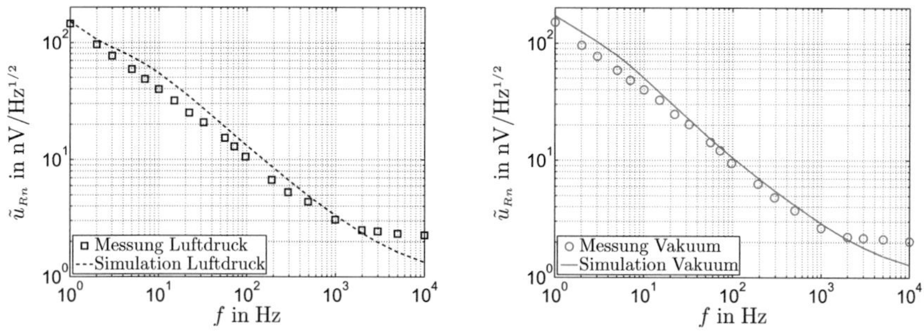

(a) (b)

Abb. 6.8: Vergleich der berechneten (thermisches Modell gemäß Abschnitt 3.2.1 mit Berücksichtigung der Wärmeabfuhr über die Sensorelektroden) und gemessenen Rauschspannungswerte für einen Standardsensor mit $A_D = (1\,\mathrm{x}\,1)\ \mathrm{mm}^2$ und $d_P = 1\ \mu\mathrm{m}$ (a) in Luft und (b) in Vakuum.

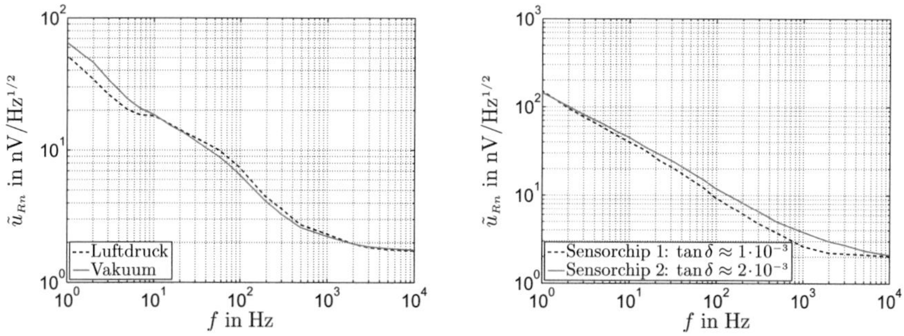

(a) (b)

Abb. 6.9: Gemessene Frequenzgänge der normierten Rauschspannung $\tilde{u}_{Rn}$: (a) Einfluss eines Vakuums (Standardsensor mit $A_D = 1,77\ \mathrm{mm}^2$ und $d_P = 0,4\ \mu\mathrm{m}$) und (b) Einfluss eines erhöhten Verlustwinkels $\tan\delta$ (Messung im Vakuum, 2 Standardsensoren mit $A_D = (1\,\mathrm{x}\,1)\ \mathrm{mm}^2$ und $d_P = 1\ \mu\mathrm{m}$).

das $\tan\delta$-Rauschen (**Abb. 6.9b**), bis zu einer Frequenz von etwa 1 kHz dominieren. Insbesondere die annähernde $1/\sqrt{f}$-Abhängigkeit der normierten Rauschspannung ultradünner $LiTaO_3$-Sensoren bestätigt die Dominanz der $\tan\delta$-Rauschquelle (vgl. Gl. (3.37)). Die thermische Isolation des Sensorelementes durch das Vakuum und den Isolationsgraben führt zu einer Verringerung der Rauschspannung bei mittleren Frequenzen und zu einer Erhöhung bei niedrigen Frequenzen (vgl. **Abb. 6.9a**). Insbesondere für Frequenzen oberhalb von 100 Hz wird die Höhe der Rauschspannung fast ausschließlich vom $\tan\delta$-Rauschen bestimmt (**Abb. 6.9b**). Unter Zuhilfenahme von

Gl. (3.37) kann folglich der $\tan\delta$-Wert aus der normierten Rauschspannung berechnet werden. Für $\omega^2\tau_{el}^2 \gg 1$ und $v \approx 1$ gilt

$$\tan\delta = \frac{2\pi f\, C_P\, \tilde{u}_{Rn}^2}{4k_B T}. \tag{6.1}$$

Zur Überprüfung wurde für zwei geometrisch identische Sensorchips der $\tan\delta$-Wert nach der in Abschnitt 5.3 beschriebenen Methode gemessen und zusätzlich aus der normierten Rauschspannung bestimmt. Die Messung des $\tan\delta$ ergab für den Sensorchip 1 einen Wert von $1 \cdot 10^{-3}$ und für den Sensorchip 2 einen Wert von $2 \cdot 10^{-3}$. Zur Berechnung des dielektrischen Verlustfaktors wurde der 300 Hz-Wert der normierten Rauschspannung verwendet. Für den Sensorchip 1 ergibt sich hier ein $\tan\delta$-Wert von $1 \cdot 10^{-3}$ und für den Sensorchip 2 ein Wert von $1,9 \cdot 10^{-3}$. Dies stimmt sehr gut mit den gemessenen Werten überein.

6.4 Thermisches Auflösungsvermögen

Da im untersuchten Frequenzbereich $f = (1 \ldots 1000)$ Hz die Rauschquellen des Sensorchips dominieren, wird zur Darstellung der thermischen Auflösung die in Abschnitt 3.3.3 definierte spezifische Detektivität D^* verwendet, die den Vergleich von Sensoren mit unterschiedlich großen Detektorflächen und unterschiedlicher Herstellungstechnologie ermöglicht.

Die Messergebnisse bestätigen, dass eine Steigerung der thermischen Auflösung durch die Reduzierung der Sensorelementdicke nur in Verbindung mit einer Evakuierung des Sensorgehäuses erreicht wird (**Abb. 6.10**). Bei Luftdruck ist die maximal erreichbare spezifische Detektivität auf etwa $(2 \ldots 3) \cdot 10^9$ cm Hz$^{1/2}$ W^{-1} begrenzt und damit etwa eine Größenordnung geringer als der theoretisch mögliche Grenzwert bei Raumtemperatur (vgl. Gl. (3.60)). Im Vakuum wurde hingegen für einen Standardsensor mit $A_D = (1 \,\mathrm{x}\, 1)$ mm^2 eine maximale spezifische Detektivität von $5,1 \cdot 10^9$ cm Hz$^{1/2}$ W^{-1} gemessen. Durch einen thermischen Isolationsgraben konnte dieser Wert auf $8 \cdot 10^9$ cm Hz$^{1/2}$ W^{-1} gesteigert werden (**Abb. 6.11a**). Dies entspricht einer auf eine Rauschbandbreite von 1 Hz bezogenen NEP von $1,25 \cdot 10^{-11}$ W/Hz$^{1/2}$ und stellt nach Literaturrecherche den höchsten D^*-Wert für einen $LiTaO_3$-Detektor dar, der bislang erreicht wurde.

Bei gleicher Sensorelementdicke kann mit einer größeren Detektorfläche eine höhere maximale spezifische Detektivität erreicht werden (**Abb. 6.11b**). Dabei verschiebt sich die Position des D^*-Maximums mit größer werdender Detektorfläche zu niedrigeren Modulationsfrequenzen. Ursache hierfür ist die bei kleinen Detektorflächen stärkere Wirkung der lateralen Wärmeleitung. Bei hohen Modulationsfrequenzen sollte hingegen die spezifische Detektivität für kleine Detektorflächen größer sein. Das gilt jedoch nur, solange die Sensorelementkapazität wesentlich größer als die Eingangskapazität des Vorverstärkers ist. Wie bereits in Abschnitt 6.1 erläutert wurde, verringert sich die Empfindlichkeit und folglich auch die thermische Auflösung, wenn diese Bedingung nicht erfüllt ist.

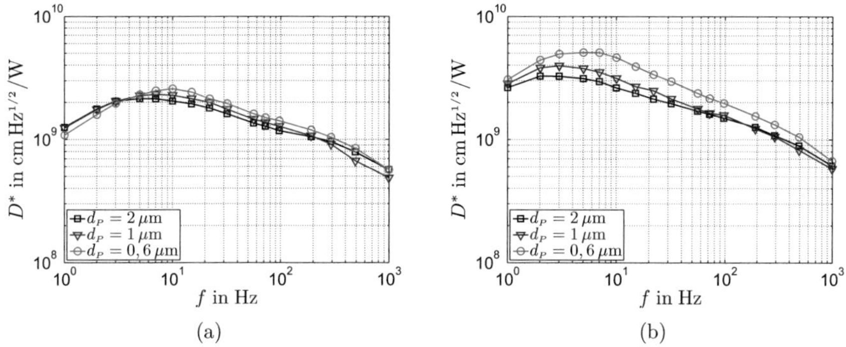

Abb. 6.10: Gemessene Frequenzgänge der spezifischen Detektivität von Standardsensoren mit $A_D = (1 \times 1)\ \text{mm}^2$ und unterschiedlichen Sensorelementdicken d_P (a) in Luft und (b) in Vakuum.

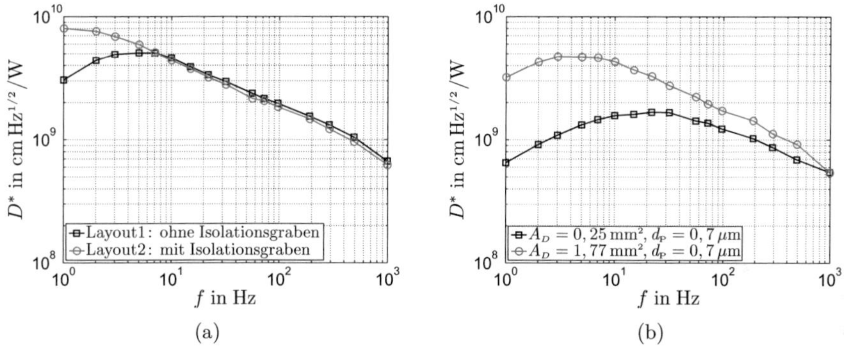

Abb. 6.11: Gemessene Frequenzgänge der spezifischen Detektivität im Vakuum für (a) unterschiedliche Sensorlayouts ($A_D = (1 \times 1)\ \text{mm}^2$, $d_P \approx 0,6\ \mu\text{m}$) und (b) Standardsensoren mit unterschiedlichen Detektorflächen ($d_P \approx 0,7\ \mu\text{m}$).

Die maximal erreichten thermischen Auflösungen ultradünner $LiTaO_3$-Einelementsensoren ohne zusätzliche Absorptionsschicht sind in **Tab. 6.1** zusammengefasst. Für den Vergleich mit kommerziellen Sensoren dient der 10 Hz-Wert der spezifischen Detektivität. Ohne Absorptionsschicht konnte hier eine Steigerung um ungefähr den Faktor 5 gegenüber derzeit kommerziell erhältlichen $LiTaO_3$-Einelementsensoren mit höchster Temperaturauflösung erreicht werden (vgl. [55]). Der erzielte Spitzenwert von $8 \cdot 10^9\ \text{cm}\,\text{Hz}^{1/2}\,\text{W}^{-1}$ entspricht der Hälfte des theoretisch möglichen Grenzwertes bei Raumtemperatur, kann aber durch Aufbringen einer zusätzlichen Absorptions- oder Antireflexionsschicht noch gesteigert werden.

Tab. 6.1: Zusammenfassung der maximal erreichten thermischen Auflösung ultradünner $LiTaO_3$-Einelementsensoren ohne Absorptionsschicht für einen 500 K-Strahler und eine Rauschbandbreite von 1 Hz.

Detektorfläche A_D	$0,25\ mm^2$	$1\ mm^2$	$1,77\ mm^2$
Sensorlayout 1:			
D^*_{max} in $cm\,Hz^{1/2}\,W^{-1}$	$2,1 \cdot 10^9$	$5,1 \cdot 10^9$	$6,2 \cdot 10^9$
... entspricht NEP in $W/Hz^{1/2}$	$2,4 \cdot 10^{-11}$	$2,0 \cdot 10^{-11}$	$2,2 \cdot 10^{-11}$
... erreicht bei f in Hz	15	5	3
... für d_P in nm	390	600	420
$D^*(10\ Hz)$ in $cm\,Hz^{1/2}\,W^{-1}$	$2,0 \cdot 10^9$	$4,6 \cdot 10^9$	$4,7 \cdot 10^9$
Sensorlayout 2: *			
D^*_{max} in $cm\,Hz^{1/2}\,W^{-1}$	$3,1 \cdot 10^9$	$8,0 \cdot 10^9$	-
... entspricht NEP in $W/Hz^{1/2}$	$1,6 \cdot 10^{-11}$	$1,3 \cdot 10^{-11}$	-
... erreicht bei f in Hz	3	1	-
... für d_P in nm	480	600	-
$D^*(10\ Hz)$ in $cm\,Hz^{1/2}\,W^{-1}$	$2,6 \cdot 10^9$	$4,4 \cdot 10^9$	-

* Isolationsgraben nicht bzw. nur teilweise durchgeätzt.

6.5 Beschleunigungsempfindlichkeit

Zur Beschreibung des Mikrofonieverhaltens wird die in Gl. (3.57) definierte Beschleunigungsempfindlichkeit R_{VB} verwendet. Diese wird meist auf die Erdbeschleunigung g bezogen:

$$\tilde{a} = g = 9,80665\ m\,s^{-2}. \tag{6.2}$$

Wie bereits im Abschnitt 3.3.4 beschrieben, ist für pyroelektrische Sensoren vor allem der piezoelektrische Effekt in Richtung der Flächennormalen, d. h. in z-Richtung, bedeutsam. Analog zur pyroelektrischen Zustandsgleichung ergibt sich für die piezoelektrische Zustandsgleichung

$$D = \varepsilon_0 \varepsilon_P\, E + d_M\, T_M, \tag{6.3}$$

welche die Wechselwirkungen zwischen den elektrischen und den mechanischen Feldgrößen beschreibt [134]. Dabei bezeichnen T_M die mechanische Spannung und d_M die piezoelektrische Materialkonstante in Richtung der Flächennormalen des Sensorelementes. Aus Gl. (6.3) lässt sich die Feldstärke für ein Sensorelement im Spannungsbetrieb ($D = 0$) mit

$$E = -\frac{d_M}{\varepsilon_0 \varepsilon_P}\, T_M \tag{6.4}$$

berechnen. Die resultierende Spannung u_{SB} ergibt sich dann aus der Integration über die Sensorelementdicke nach [151] zu

$$u_{SB} = -\int_0^{d_P} E(z)\mathrm{d}z, \tag{6.5}$$

wobei $E(z)$ das elektrische Feld im Sensorelement ist, das durch den piezoelektrischen Effekt hervorgerufen wird. Erfährt das Sensorelement eine sinusförmige Beschleunigung mit dem Effektivwert $\tilde{a}$ in z-Richtung, dann wirkt eine Kraft F mit dem Effektivwert

$$\tilde{F}(z) = \rho_P A_D z\tilde{a}. \tag{6.6}$$

auf das Sensorelement. Für den Effektivwert der mechanischen Spannung im Sensorelement folgt dann

$$\tilde{T}_M(z) = \frac{\tilde{F}(z)}{A_D} = \rho_P z\tilde{a} \tag{6.7}$$

und schließlich für den Effektivwert $\tilde{u}_{SB}$ der piezoelektrischen Spannung

$$\tilde{u}_{SB} = \int_0^{d_P} \frac{d_M}{\varepsilon_0\varepsilon_P}\rho_P z\tilde{a}\mathrm{d}z = \frac{1}{2}\frac{d_M}{\varepsilon_0\varepsilon_P}\rho_P d_P^2\tilde{a}. \tag{6.8}$$

Die Beschleunigungsempfindlichkeit ergibt sich dann gemäß Gl. (3.57) zu

$$R_{VB} = \frac{\tilde{u}_{SB}}{\tilde{a}} = \frac{1}{2}\frac{d_M}{\varepsilon_0\varepsilon_P}\rho_P d_P^2. \tag{6.9}$$

Folglich muss wegen $R_{VB} \sim d_P^2$ mit der Verringerung der Sensorelementdicke eine deutliche Verringerung der Beschleunigungsempfindlichkeit verbunden sein.

Für die messtechnische Bewertung der Mikrofonieeigenschaften wurde der in [134] beschriebene Messaufbau benutzt, der eine Messunsicherheit von etwa ± 5 % besitzt. Hierbei wird das Sensorgehäuse auf einem Schwingtisch montiert, der von einem Sinusgenerator zum Schwingen angeregt wird. Die Ausgangsspannung des Sensors wird mit Hilfe eines Lock-In-Verstärkers gemessen. Über einen Beschleunigungsaufnehmer wird der Effektivwert der Beschleunigung ermittelt und durch Regelung des Generatorsignals konstant gehalten. Die Messungen erfolgten im Frequenzbereich $f = (18 \ldots 8400)$ Hz.

Die Messergebnisse bestätigen die direkte Proportionalität der Beschleunigungsempfindlichkeit zum Quadrat der Sensorelementdicke (**Abb. 6.12a**). Eine Verringerung von R_{VB} konnte auch an den Sensorchips mit Isolationsgraben nachgewiesen werden (**Abb. 6.12b**). Gegenüber einem Standardchip gleicher Dicke wird die Beschleunigungsempfindlichkeit durch die einseitige Einspannung um etwa den Faktor 2 verringert. Der Frequenzgang der Beschleunigungsempfindlichkeit weist bis ungefähr

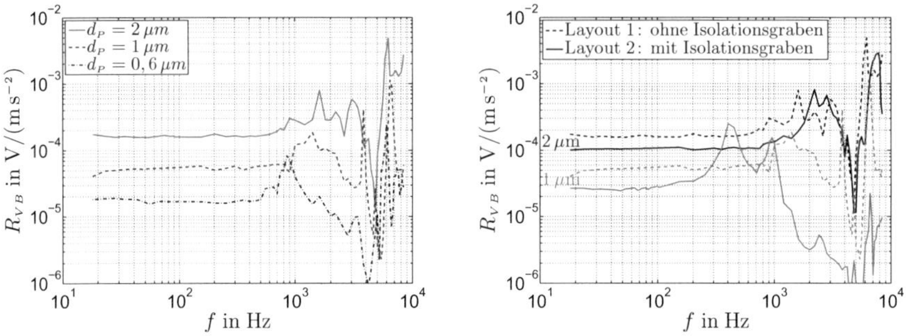

(a) (b)

Abb. 6.12: Gemessene Beschleunigungsempfindlichkeit R_{VB} für Sensoren mit A_D = (1 x 1) mm²: (a) Abhängigkeit von der Sensorelementdicke ohne Isolationsgraben und (b) Einfluss des Sensorlayouts (Parameter d_P).

1 kHz nahezu keine Frequenzabhängigkeit auf. Bei höheren Frequenzen treten Resonanzerscheinungen auf, deren Lage und Größe durch die mechanische Einspannung des Sensorelementes bestimmt wird. Mit Verringerung der Sensorelementdicke verschieben sich diese Resonanzen zu niedrigeren Frequenzen. Der vorhandene Messaufbau eignete sich nicht zur Messung der Beschleunigungsempfindlichkeit im Vakuum.

6.6 Zusammenfassung

Für das Sensorlayout mit thermischem Isolationsgraben, eine Sensorelementdicke von etwa 0,6 µm und ein evakuiertes Sensorgehäuse wurde für einen $LiTaO_3$-Detektor mit einer empfindlichen Fläche von $A_D = (1\,\mathrm{x}\,1)\ \mathrm{mm}^2$ eine maximale spezifische Detektivität von $D^*(500\ \mathrm{K}, 1\ \mathrm{Hz}, 1\ \mathrm{Hz}) = 8 \cdot 10^9\ \mathrm{cm\,Hz^{1/2}\,W^{-1}}$ erreicht. Damit sind die Detektivitätsreserven von $LiTaO_3$-Sensoren im Wesentlichen erschöpft. Eine weitere Steigerung kann nur noch durch eine Erhöhung des Absorptionsgrades erreicht werden, was Gegenstand des folgenden Kapitels 7 ist. Im Vergleich zu kommerziellen $LiTaO_3$-Sensoren [55–57] und den in der Literatur angegebenen Laborhöchstwerten [66, 68] stellen die hier erreichten Detektivitätswerte absolute Spitzenwerte dar und übertreffen sogar die Werte kommerzieller TGS-Sensoren [52, 53]. Es ist zu beachten, dass die hier angegebenen Werte für einen idealen Fenstertransmissionsgrad $\tau_F = 1$ gelten. In der Praxis werden die Werte etwas geringer sein, weil der Transmissionsgrad des verwendeten Fenstermaterials, der durch den für den jeweiligen Anwendungsfall erforderlichen Spektralbereich bestimmt wird, immer kleiner als Eins ist.

7 Ultradünne Infrarot-Absorptionsschichten

Der Absorptionsgrad des Sensorelementes ist gemäß Gln. (3.50) bis (3.54) direkt proportional zur thermischen Auflösung und sollte daher möglichst hoch sein. Eine wirksame Maßnahme zur Erhöhung des Absorptionsgrades besteht im Einsatz einer zusätzlichen Absorptions- oder Antireflexionsschicht. Mit der Reduzierung der Sensorelementdicke verringert sich die Wärmekapazität des Sensorelementes. Die thermische Masse der aufgebrachten Absorptions- oder Antireflexionsschicht muss aber klein gegenüber der des Sensorelementes sein, damit eine maximale Temperaturänderung im Sensorelement erreicht wird. Gegenstand dieses Kapitels sind deshalb Untersuchungen zum Einsatz geeigneter Absorptionsschichten für ultradünne $LiTaO_3$-Sensoren. Nach der Darlegung der Anforderungen, die eine Absorptionsschicht für ultradünne $LiTaO_3$-Sensoren erfüllen muss, wird zunächst die Eignung herkömmlicher IR-Absorptionsstrukturen näher betrachtet. Anschließend werden zwei neue Ansätze für IR-Absorptionsstrukturen beschrieben und deren Eigenschaften untersucht. Durch Messung der Sensorkenngrößen wird schließlich ihre Eignung für den Einsatz in ultradünnen $LiTaO_3$-Sensoren überprüft.

7.1 Anforderungen an eine Absorptionsschicht

Die wichtigsten Anforderungen an Absorptions- oder Antireflexionsschichten sind:

- hohes Absorptionsvermögen für die einfallende infrarote Strahlung (möglichst nahe Eins),
- spektral gleichmäßiges Absorptionsverhalten,
- sehr geringe Wärmekapazität,
- hohe Wärmeleitfähigkeit in z-Richtung und
- Technologiekompatibilität, d. h. fotolithografisch strukturierbar und mechanisch stabil.

Des Weiteren sind noch bestimmte mechanische Eigenschaften, wie z. B. die Härte und die Haftfestigkeit der Schicht, sowie die Langzeitstabilität der optischen, elektrischen und mechanischen Eigenschaften von Bedeutung.

Es existieren verschiedene technische Lösungen für IR-Absorptionsstrukturen, von denen aber keine alle der o. g. Anforderungen perfekt erfüllt (vgl. Abschnitt 2.2). Mit der Verringerung der Sensorelementdicke gewinnt zunehmend die Wärmekapazität H_A der Absorptions- oder Antireflexionsschicht an Bedeutung. Diese muss im Vergleich zur Wärmekapazität H_P des Sensorelementes wesentlich geringer sein, damit die Temperaturänderung im Pyroelektrikum hinreichend groß ist:

$$H_A \leq 0,1\, H_P. \tag{7.1}$$

Da die Fläche der Absorptionsschicht im Allgemeinen der Detektorfläche entspricht, ergibt sich mit Gl. (3.8) für die zur Erfüllung von Gl. (7.1) zulässige Dicke d_A der Absorptionsschicht

$$d_A \leq 0,1\, d_P\, \frac{c'_P}{c'_A}, \tag{7.2}$$

wobei c'_P und c'_A die volumenspezifischen Wärmekapazitäten des pyroelektrischen Materials und der IR-Absorptionsschicht sind. Werte für c'_A für typische IR-Absorptionsstrukturen sind in **Tab. 7.1** zusammengefasst. Hierbei zeigt sich, dass für $d_P \leq 2$ µm außer einer ultradünnen Metallschicht, wie sie bereits in Form der Sensorelektroden zum Einsatz kommt, keine der genannten Absorptionsstrukturen die Gl. (7.1) erfüllt (**Abb. 7.1**). Es ist zu beachten, dass für Schichtdicken von weniger als $0,4$ µm die Wärmekapazität der Sensorelektroden nicht mehr vernachlässigbar ist. Auf die Sensorelektroden kann aber nicht verzichtet werden. Folglich ist die Herstellung derart dünner Sensorelemente nicht mehr sinnvoll, weil dann die Empfindlichkeit und damit auch die thermische Auflösung abnehmen. Dies erklärt die in **Abb. 6.5** auftretende Abweichung bei $d_P \approx 0,4$ µm zwischen dem gemessenen Bandabsorptionsgrad und dem aus der schwarzen Empfindlichkeit ermittelten Absorptionsgrad. Hier gehen etwa 10 % der vom Sensorelement absorbierten Energie in die Erwärmung

Tab. 7.1: Volumenspezifische Wärmekapazität c'_A typischer IR-Absorptionsstrukturen.

Absorptionsstruktur	Ref.	Typ. Dicke	c'_A in $\frac{\mathrm{J}}{\mathrm{mm^2\,\mu m\,K}}$
Ultradünne Metallschicht:			
Sensorelektroden[1] aus $Ni_{80}Cr_{20}$	[96]	7 nm (FE) + 25 nm (RE)	$3,818 \cdot 10^{-6}$
Poröse Metall-Schwarzschicht:			
Ag-Schwarzschicht	[24]	(5 … 10) µm	$0,2 \cdot 10^{-6}$
$\lambda/4$-Antireflexionsschicht:			
Polyimid	[80]	1,4 µm	$1,714 \cdot 10^{-6}$
Gefüllte Lackschicht:			
Ruß-Novolak	[23]	5 µm	$0,574 \cdot 10^{-6}$
CNT-Schwarzschicht[2]	[85]	(5 … 10) µm	$1,305 \cdot 10^{-6}$

[1] FE … Frontelektrode, RE … Rückelektrode.
[2] Zur Ermittlung von c'_A wurden die in [152] angegebene Dichte und die in [153] angegebene spezifische Wärmekapazität von MWCNTs verwendet.

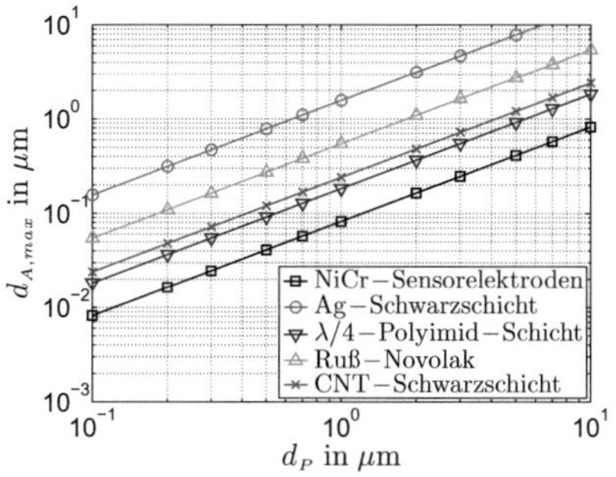

Abb. 7.1: Maximale Schichtdicke $d_{A,max}$, für die Gl. (7.1) noch erfüllt ist, in Abhängigkeit von der Sensorelementdicke d_P eines $LiTaO_3$-Detektors für die in Tab. 7.1 angegebenen IR-Absorptionsstrukturen.

der Sensorelektroden verloren. Einen Ausweg stellt die Verwendung von Materialien mit einer geringeren volumenspezifischen Wärmekapazität als NiCr dar, z. B. Platin oder Gold.

Bei Nichterfüllung von Gl. (7.1) kann dennoch eine (geringe) Erhöhung der thermischen Auflösung erfolgen, sofern die Wärmekapazität der Absorptionsschicht kleiner als die Wärmekapazität des Sensorelementes ist. Die höchste thermische Auflösung wurde für einen Sensor mit einer empfindlichen Fläche von $A_D = (1 \times 1)\ \mathrm{mm}^2$ und einer Sensorelementdicke von etwa 0,6 µm gemessen. Für diesen Sensor kann die thermische Auflösung gegenwärtig nur mit einer Metall-Schwarzschicht gesteigert werden, weil die anderen Absorptionsstrukturen eine zu hohe Wärmekapazität besitzen. Die Wärmekapazität einer 5 µm dicken Ag-Schwarzschicht beträgt in diesem Fall ungefähr die Hälfte von der des Sensorelementes. Damit steht etwa 1/3 der absorbierten Energie nicht für die Temperaturerhöhung im Sensorelement zur Verfügung. Bei einem angenommenen Absorptionsgrad von 0,95 für die Ag-Schwarzschicht werden für die Signalerzeugung im Sensorelement folglich nur etwa 63 % der einfallenden Strahlungsleistung verwendet. Das 0,6 µm dicke Sensorelement besitzt einen Absorptionsgrad von ungefähr 0,6. Folglich ist durch Aufbringen der 5 µm dicken Ag-Schwarzschicht mit einer Erhöhung der thermischen Auflösung von etwa 5 % zu rechnen. Wird anstelle von Silber ein Metall mit geringerer volumenspezifischer Wärmekapazität, wie z. B. Au, Pt, Bi, oder Pb, verwendet, dann stehen etwa 75 % der einfallenden Strahlungsleistung zur Signalerzeugung im Sensorelement zur Verfügung und die thermische Auflösung kann theoretisch um etwa 25 % gesteigert werden.

Zusammenfassend lässt sich festhalten, dass gegenwärtig keine zufriedenstellende Lösung besteht, für ultradünne Sensorelemente einen Absorptionsgrad von nahezu Eins zu erreichen und dabei die gesamte absorbierte Energie zur Signalerzeugung im Sensorelement zu nutzen. Eine geringe Verbesserung ermöglichen nur ausgewählte Metall-Schwarzschichten. Diese besitzen jedoch den Nachteil, dass sie nur mittels Metall-Wechselmasken aufgebracht werden können, was bei ultradünnen Sensorelementen technologisch sehr problematisch ist. Eine Absorptionsschicht für derart dünne Sensoren sollte neben einer geringen Wärmekapazität und einem hohen Absorptionsvermögen folglich auch fotolithografisch strukturierbar und mechanisch stabil sein. Aus diesen Gründen wurde nach Alternativen gesucht und es werden im Folgenden zwei IR-Absorptionsstrukturen beschrieben, die im Rahmen dieser Arbeit erstmalig entwickelt und untersucht worden sind.

7.2 Nanostrukturierte Nickel-Chrom-Absorptionsschichten

7.2.1 Optische Eigenschaften nanostrukturierter Oberflächen

Um den Absorptionsgrad des Sensorelementes erhöhen zu können, müssen die Reflexionen von der Sensoroberfläche minimiert werden. Mit den FRESNELschen Formeln lassen sich quantitativ Reflexion, Transmission und Absorption einer ebenen, elektromagnetischen Welle an einer ebenen Grenzfläche beschreiben. Danach ist bekannt, dass der Reflexionsgrad ρ an einer Grenzfläche proportional zum Quadrat des Brechungsindexunterschiedes ist

$$\rho = \left(\frac{n_1 - n_2}{n_1 + n_2}\right)^2, \tag{7.3}$$

wobei die Grenzfläche den Bereich mit Brechungsindex n_1, von dem der Strahlungseinfall erfolgt, von dem Bereich mit Brechungsindex n_2 trennt [154]. Folglich nimmt die Reflexion mit wachsendem Brechungsindexunterschied stark zu. Durch einen graduellen Übergang des Brechungsindex (**Abb. 7.2a**) lässt sich die Reflexion an der Grenzfläche eliminieren [155]. In diesem Fall kann die Nettoreflexion als die Resultierende einer unendlichen Serie von Reflexionen an jedem inkrementellen Brechungsindexunterschied betrachtet werden. Da die einzelnen Reflexionen aus unterschiedlichen Tiefen kommen, besitzt jede eine andere Phase. Erfolgt der Übergang über eine optische Weglänge, die mindestens der halben Wellenlänge entspricht, dann sind alle Phasen vorhanden und es tritt destruktive Interferenz auf. Als Folge dessen geht die Reflexion gegen Null. Die Abhängigkeit der Reflexion von der effektiven Dicke d des Übergangs und der Wellenlänge λ wurde zuerst von Lord Rayleigh untersucht [156] und ist in **Abb. 7.2b** für verschiedene graduelle Übergänge grafisch dargestellt. Solange $d \ll \lambda$ ist, erscheint die Grenzfläche relativ scharf und die Reflexion entspricht im Wesentlichen der eines diskontinuierlichen Übergangs. Wird d/λ größer, dann nimmt die Reflexion ab und erreicht im Gegensatz zu einer $\lambda/4$-Antireflexionsschicht an keinem Punkt den Reflexionswert eines scharfen Übergangs mehr. Der Reflexionsgrad an einem graduellen Übergang ist zwar vom Profil (z. B. linear, quintisch) der Brechungsindexänderung abhängig [158], aber im Allgemeinen für $d > \lambda/2$ beträchtlich reduziert. Auf diese Weise wird eine effiziente und breitbandige Entspiegelung auch für große Einfallswinkel erreicht.

Für die Realisierung eines graduellen Übergangs auf $n = 1$ (Luft) ist allerdings ein Brechungsindex nahe Eins notwendig. Der Mangel an optischen Dünnschichtmaterialien mit passendem Brechungsindex, insbesondere zwischen $n = 1$ (Luft) und

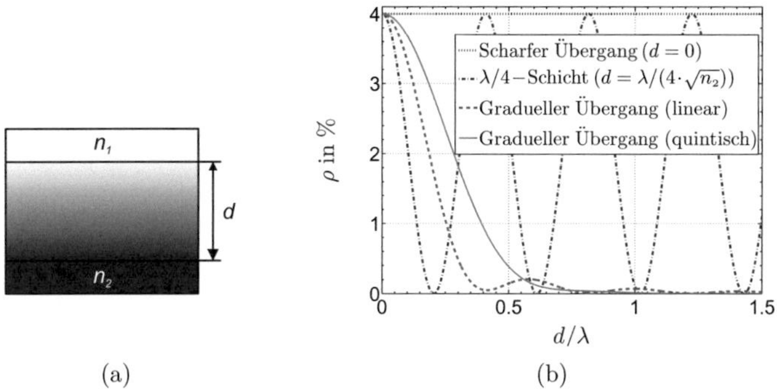

Abb. 7.2: (a) Schematische Darstellung eines graduellen Brechungsindexübergangs und (b) berechneter Reflexionsgrad in Abhängigkeit von d/λ für verschiedene Profile des Brechungsindexübergangs dielektrischer Materialien ($n_1 = 1$, $n_2 = 1,5$, senkrechter Einfall) [157].

$n = 1,38$ (Magnesiumfluorid), stellt das Hauptproblem bei der Herstellung effizienter und breitbandiger Antireflexionsschichten mittels Dünnschichttechnologie dar. Ein (nahezu) beliebiger Brechungsindex lässt sich dadurch erreichen, indem die beiden Materialien an der Grenzfläche miteinander vermischt werden. Für den Übergang auf Luft wird dies entweder durch eine Oberflächenstrukturierung oder das Abscheiden poröser Schichten erreicht (**Abb. 7.3**). Dabei müssen die Strukturabmessungen wesentlich kleiner als die Wellenlänge der einfallenden Strahlung sein, damit diese von ihr nicht aufgelöst werden. Trifft eine elektromagnetische Welle auf eine derart strukturierte Oberfläche, dann wird diese Welle nicht gebeugt, sondern wie an einer unstrukturierten Grenzfläche reflektiert und transmittiert. Die optischen Eigenschaften einer solchen strukturierten Oberfläche können mit der Effektives-Medium-Theorie (EMT) modelliert werden [159]. Beim EMT-Ansatz ist der effektive Brechungsindex $n_{eff}(z)$ der strukturierten Oberflächenschicht ein gewichtetes Mittel der Brechungsindizes n_1 und n_2 der beiden vermischten Materialien in Abhängigkeit vom Füllfaktor. Der Füllfaktor beschreibt hierbei das Verhältnis des Volumenanteils des Materials zum Gesamtvolumen in der Tiefe z (vgl. **Abb. 7.3**). Im Gegensatz zur benötigten Strukturhöhe d, die von der größten zu entspiegelnden Wellenlänge definiert wird, ist die maximale Strukturabmessung bzw. Strukturperiode Λ_{max} durch die kleinste zu entspiegelnde Wellenlänge λ_{min} bestimmt. Für eine senkrecht einfallende, ebene elektromagnetische Welle gilt nach [158]

$$\Lambda_{max} = \frac{\lambda_{min}}{\max(n_1, n_2)} \tag{7.4}$$

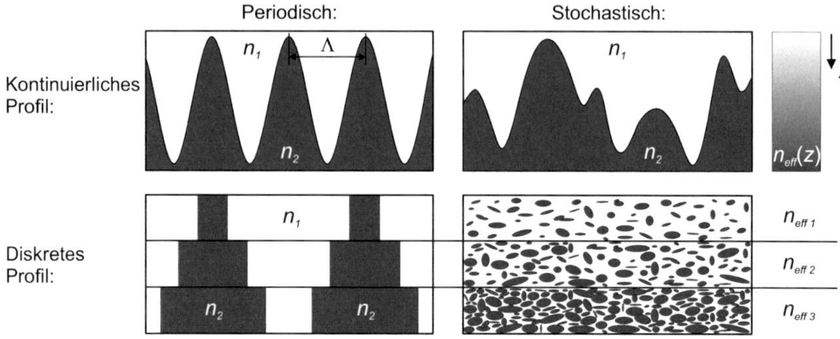

Abb. 7.3: Verschiedene Arten von Gradientenschichten, die mittels Oberflächenstrukturierung oder Abscheidung von porösen Schichten hergestellt werden können.

und für beliebige Einfallswinkel

$$\Lambda_{max} = \frac{\lambda_{min}}{\max(n_1,\, n_2) + n_1}. \tag{7.5}$$

Sofern die notwendigen Strukturabmessungen ($d > \lambda_{max}/2$, $\Lambda < \lambda_{min}/n_2$) eingehalten werden, lässt sich auf diese Weise die Oberfläche von $LiTaO_3$-Sensoren breitbandig entspiegeln, wie in [160] gezeigt wurde, und somit der Absorptionsgrad des Sensorelementes erhöhen. Der große Vorteil liegt darin, dass keine zusätzliche thermische Masse aufgebracht wird. Für eine effiziente Entspiegelung im technisch interessanten Wellenlängenbereich von $(2 \ldots 20)$ µm sind jedoch Strukturhöhen von mehreren Mikrometern erforderlich. Diese Notwendigkeit verhindert den Einsatz in ultradünnen $LiTaO_3$-Sensoren mit Schichtdicken von weniger als 2 µm, da einfach nicht genügend Material zum Strukturieren vorhanden ist. Eine Erhöhung des Absorptionsgrades ultradünner $LiTaO_3$-Sensoren kann folglich nur durch Aufbringen einer Absorptionsschicht erreicht werden, welche die in Abschnitt 7.1 genannten Forderungen erfüllt.

7.2.2 Herstellungstechnologie

Damit eine möglichst geringe Wärmekapazität erzielt wird, muss die Absorptionsschicht sehr dünn sein. Eine hohe und gleichmäßige Absorption wird mit einem porösen Schichtaufbau erreicht (vgl. Metall-Schwarzschichten). Ein sehr einfaches Verfahren zur Herstellung poröser Dünnschichten ist die Abscheidung unter einem sehr hohen Einfallswinkel von typischerweise mehr als 70°, d. h. bei einem streifenden Einfall (GLAD - glancing angle deposition). Die Idee besteht hier darin, mit Hilfe der GLAD-Technik eine dünne Absorptionsschicht auf der Basis von NiCr herzustellen. NiCr wurde ausgewählt, weil es sehr gute mechanische, elektrische und optische Eigenschaften mit hervorragender Langzeitstabilität besitzt und sich als Material für die Sensorelektroden bereits bewährt hat. Die ausgezeichneten mechanischen

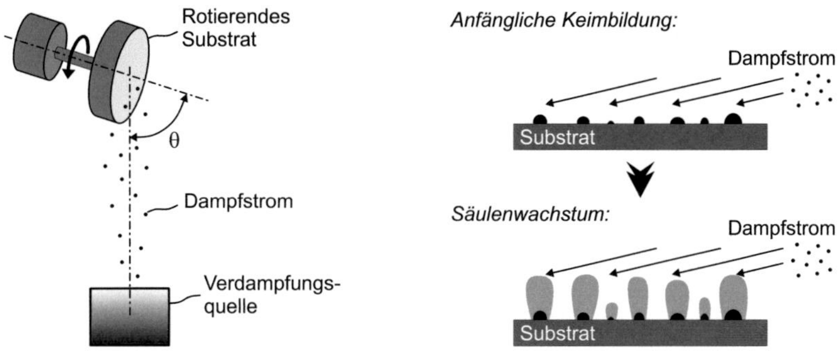

Abb. 7.4: GLAD-Technik: (a) Prinzip der Abscheidung und (b) schematische Darstellung des Säulenwachstums durch den Abschattungseffekt.

Eigenschaften versprechen eine gute Haftfestigkeit auch bei porösen Schichten, was für die Technologiekompatibilität entscheidend ist.

In den letzten beiden Jahrzehnten bestand ein wachsendes Interesse an der GLAD-Technik aufgrund der Möglichkeit, Nanostrukturen auf einfachste Weise zu erzeugen und so die physikalischen Eigenschaften von Dünnschichten gezielt zu beeinflussen [161]. Bei der GLAD-Technik erfolgt die Schichtabscheidung unter einem sehr hohen Einfallswinkel θ und gleichzeitiger Substratrotation [162]. Der schräge Teilcheneinfall führt zum Wachstum von Säulen, dem sogenannten kolumnaren Schichtwachstum (**Abb. 7.4**). Die Ursache hierfür ist zum einen der Abschattungseffekt sowohl auf atomarer Ebene als auch auf mesoskopischer Skala und zum anderen eine eingeschränkte atomare Beweglichkeit der abgeschiedenen Teilchen. Die Teilchen besitzen eine bestimmte kinetische Energie, deren Höhe im Wesentlichen durch das Abscheideverfahren bestimmt wird und wodurch sie sich auf der Oberfläche bewegen (Adatomdiffusion), bis sie auf ein anderes Atom oder einen Atomverbund (Cluster) stoßen und so ihre Energie verlieren. Folglich bilden sich bei der Abscheidung von Dünnschichten auf einem ebenen Substrat am Anfang kleine Cluster auf der Oberfläche. Für normalen Einfall, d. h. parallel zur Oberflächennormalen, können die Teilchen an jedem beliebigen Ort auf dem Substrat landen und es bildet sich eine geschlossene Schicht. Bei einem sehr großen Abscheidewinkel kommt es aufgrund der sich anfänglich bildenden Cluster zu einem Abschattungseffekt. Folglich gibt es Bereiche, in denen keine Atome auf der Oberfläche landen können. Eine eingeschränkte atomare Beweglichkeit (Adatomdiffusion) verhindert schließlich die Bildung einer geschlossenen Schicht. Dies wird mit einer niedrigen Substrattemperatur und einer geringen Teilchenenergie durch z. B. thermisches Verdampfen erreicht. Als Folge dessen bildet sich eine kolumnare Schichtstruktur mit einer bestimmten Porosität, die sich mit der Kontrolle des Abscheidewinkels beeinflussen lässt. Detailliertere Informationen über die GLAD-Technik und deren Anwendungen finden sich in zahlreichen

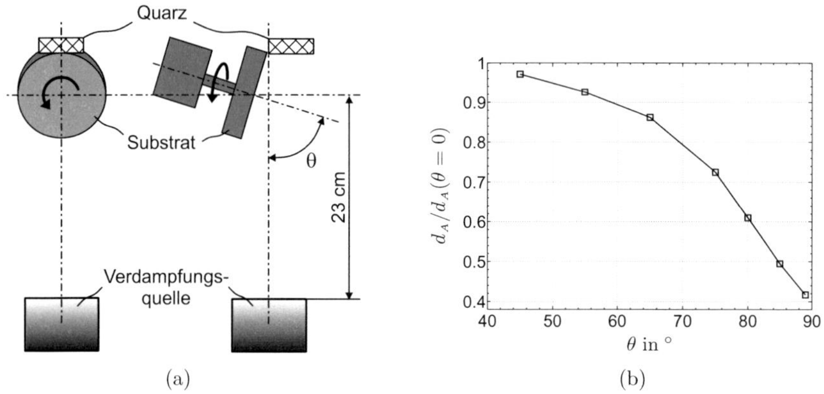

Abb. 7.5: (a) Position des Schwingquarzes zur Schichtdickenmessung während der Abscheidung der nanostrukturierten NiCr-Schicht und (b) gemessene Abhängigkeit der Schichtdicke d vom Einfallswinkel θ, bezogen auf normalen Einfall ($\theta = 0$).

Literaturstellen [163–166]. Eine sehr gute Zusammenfassung über die Auswirkungen der Abscheidung unter sehr hohen Einfallswinkeln auf die Schichtstruktur ist in [167] gegeben.

Die Abscheidung der nanostrukturierten NiCr-Schichten erfolgte mit einem thermischen Verdampfer im Hochvakuum bei einem Restgasdruck von $2 \cdot 10^{-4}$ Pa. Das Substrat befand sich in einer Entfernung von 23 cm von der Verdampferquelle und rotierte mit einer Geschwindigkeit von 40 U/min. Die typische Abscheiderate betrug $(2 \ldots 3)$ nm/s. Während der Abscheidung bleibt die Substrattemperatur unter 80 °C. Dadurch ist die Adatomdiffusion sehr begrenzt und Abschattungseffekte spielen eine große Rolle. Die Messung der Schichtdicke erfolgte mit einem Schwingquarz, der mittig am oberen Ende der Probe positioniert wurde (**Abb. 7.5a**). Da der Schwingquarz nicht geneigt wird, misst er die Schichtdicke für normalen Einfall ($\theta = 0$). Es besteht aber eine Abhängigkeit der Schichtdicke vom Einfallswinkel, weil sich durch die Schrägstellung der Probe die auf normalen Einfall bezogene Projektionsfläche der Probenoberfläche mit dem Kosinus des Einfallswinkels verringert. Folglich wird in der gleichen Zeit weniger Material auf der Probenoberfläche abgeschieden und die Schichtdicke nimmt mit steigendem Einfallswinkel ab (**Abb. 7.5b**). Dies ist bei der Abscheidung zu beachten.

7.2.3 Optische Eigenschaften

Die Porosität der Schicht ist umso größer, je größer der Einfallswinkel während der Abscheidung ist. Zu beachten ist, dass mit zunehmender Porosität die Haftfestigkeit der Schicht abnimmt. Praktische Untersuchungen haben ergeben, dass ein Abscheidewinkel von etwa 85° optimal bezüglich optischer und mechanischer Schichteigenschaften ist. NiCr-Schichten, die bei diesem Winkel abgeschieden werden, sind

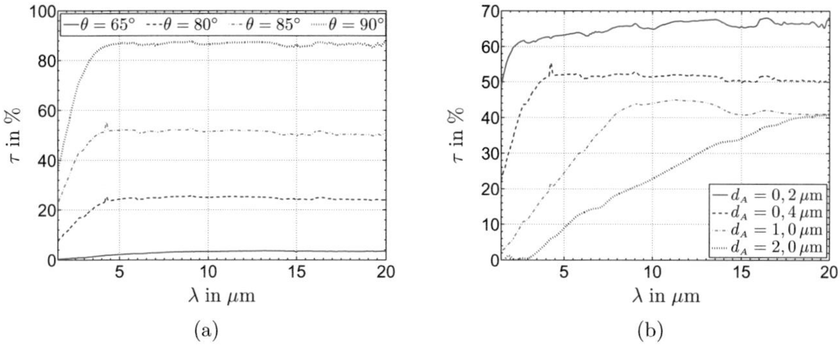

Abb. 7.6: Gemessener spektraler Transmissionsgrad $\tau(\lambda)$ der NiCr-Absorptionsschicht: (a) in Abhängigkeit vom Abscheidewinkel θ für eine konstante Schichtdicke von $0,4$ µm und (b) in Abhängigkeit von der Schichtdicke d_A für $\theta = 85°$.

mechanisch stabil und widerstehen sogar einer Ultraschallbehandlung. Außerdem sind sie feuchtigkeitsbeständig und können nasschemisch behandelt werden. Dadurch ist die NiCr-Absorptionsschicht kompatibel zur Herstellungstechnologie pyroelektrischer $LiTaO_3$-Sensoren und lässt sich leicht in den Prozess integrieren.

Das optische Erscheinungsbild einer bei einem Winkel von 85° abgeschiedenen NiCr-Schicht ist schwarz und leicht glänzend. Im Allgemeinen lässt sich feststellen, dass die NiCr-Schicht im sichtbaren Spektralbereich umso dunkler erscheint, je größer der Abscheidewinkel θ ist. Dies ist auf die zunehmende Porosität der Schicht zurückzuführen, was durch die Messung des Transmissionsverhaltens im Infrarotbereich bestätigt wird (**Abb. 7.6a**). Insbesondere für sehr hohe Abscheidewinkel von über 80° steigt die Transmission stark an. Dadurch hat das Substratmaterial Einfluss auf die optischen Eigenschaften. Mit der Erhöhung der Schichtdicke der NiCr-Absorptionsschicht wird die Transmission schließlich verringert (**Abb. 7.6b**). Im sichtbaren Spektralbereich erscheint die NiCr-Absorptionsschicht zunehmend matter, je größer die Schichtdicke ist. Gleichzeitig kommt es zu einer Verringerung der Reflexion von der Oberfläche der NiCr-Absorptionsschicht, je größer der Abscheidewinkel und damit die Porosität der Schicht ist (**Abb. 7.7**). Mit steigender Schichtdicke verringern sich schließlich Reflexion und Transmission bei höheren Wellenlängen, wodurch die Absorption in der NiCr-Schicht zunehmen muss. Zur Bestimmung des spektralen Absorptionsgrades $\alpha(\lambda)$ wurde die NiCr-Absorptionsschicht auf einer 100 nm dicken Goldschicht auf einem Si-Substrat abgeschieden und die diffuse Reflexion gemessen. Da die Transmission der Goldschicht im untersuchten Wellenlängenbereich $\lambda = (2 \ldots 20)$ µm Null ist ($\tau(\lambda) = 0$), kann nach Gl. (5.9) der spektrale Absorptionsgrad der NiCr-Absorptionsschicht direkt aus der Messung des spektralen Reflexionsgrades $\rho(\lambda)$ berechnet werden:

$$\alpha(\lambda) = 1 - \rho(\lambda). \tag{7.6}$$

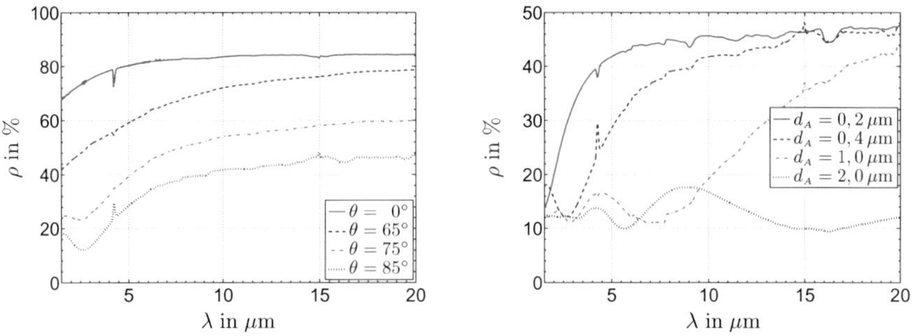

(a) (b)

Abb. 7.7: Gemessene diffuse Reflexion von der Oberfläche einer NiCr-Absorptionsschicht, die auf einem Si-Substrat abgeschieden wurde: (a) in Abhängigkeit vom Abscheidewinkel θ für eine konstante Schichtdicke von 0, 4 µm und (b) in Abhängigkeit von der Schichtdicke d_A für einen Abscheidewinkel $\theta = 85°$.

Die Messergebnisse zeigen, dass für eine hohe und gleichmäßige Absorption bis zu einer Wellenlänge von 20 µm eine Schichtdicke von mindestens 2 µm notwendig ist (**Abb. 7.8a**). Die leichten Interferenzerscheinungen resultieren aus der noch vorhandenen Transmission der NiCr-Absorptionsschicht und verschwinden erst für Schichtdicken von etwa 4 µm. Bei kleineren Wellenlängen bis etwa 5 µm wird eine hohe Absorption hingegen schon für eine Schichtdicke von wenigen hundert Nanometern erreicht. Dies geht auch aus der Berechnung des Bandabsorptionsgrades α_B für die drei technisch bedeutsamen Spektralbereiche hervor (**Abb. 7.8b**). Für $\lambda = (8 \ldots 14)$ µm wird eine deutlich höhere Schichtdicke als für $\lambda = (3 \ldots 5)$ µm benötigt. Ist die Schichtdicke schließlich hinreichend hoch, dann geht α_B der NiCr-Absorptionsschicht gegen 0,85 für alle drei Spektralbereiche.

Für die Absorptionsschicht ist eine möglichst geringe Wärmekapazität gefordert, weshalb die Schichtdicke möglichst gering sein muss. Da die NiCr-Absorptionsschicht für Schichtdicken von weniger als 2 µm noch eine geringe Transmission besitzt, hat das Substratmaterial Einfluss auf die optischen Eigenschaften. Für den Sensor ist deshalb das Absorptionsvermögen des Gesamtsystems, d. h. *Absorptionsschicht-Frontelektrode-$LiTaO_3$-Rückelektrode*, entscheidend. Zu dessen Bestimmung wurde die NiCr-Absorptionsschicht auf ein 400 µm dickes $LiTaO_3$-Substrat mit Standardelektroden abgeschieden. Die Transmission dieses Schichtsystems ist vernachlässigbar gering (vgl. **Abb. 5.5**), so dass der spektrale Absorptionsgrad gemäß Gl. (7.6) direkt aus der Messung des spektralen Reflexionsgrades bestimmt werden kann. Hierbei zeigt sich, dass für eine gleichmäßig hohe Absorption deutlich geringere Schichtdicken notwendig sind, weil die Eigenabsorption des Sensorelementes ausgenutzt wird (**Abb. 7.9**). Für eine Schichtdicke $d_A = 1,2$ µm wird im Wellenlängenbereich $\lambda = (2 \ldots 20)$ µm ein Bandabsorptionsgrad von 0,9 erreicht. Gegenüber einem $LiTaO_3$-Sensor ohne Absorptionsschicht würde dies einer Steigerung der thermischen Auflösung um etwa

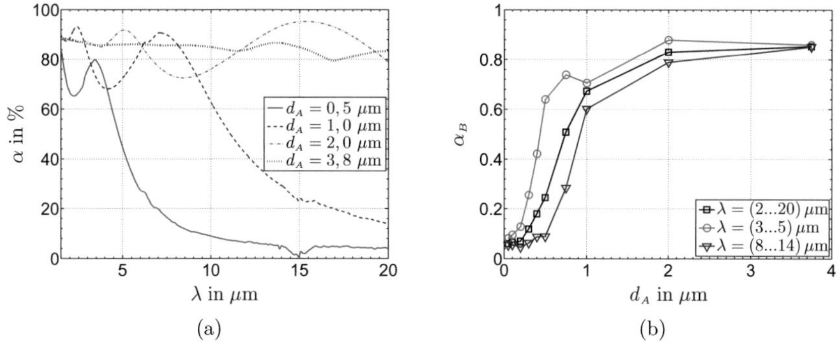

Abb. 7.8: (a) Gemessener spektraler Absorptionsgrad $\alpha(\lambda)$ der NiCr-Absorptionsschicht für unterschiedliche Schichtdicken d_A und (b) Dickenabhängigkeit des Bandabsorptionsgrades α_B der NiCr-Absorptionsschicht für $T = 500$ K. Abscheidewinkel $\theta = 85°$.

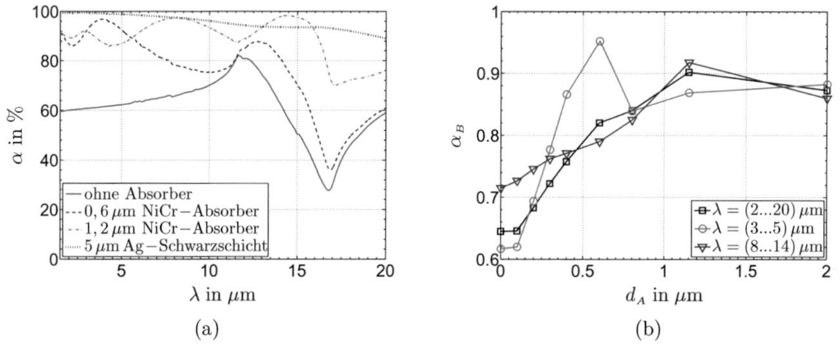

Abb. 7.9: (a) Gemessener spektraler Absorptionsgrad $\alpha(\lambda)$ der NiCr-Absorptionsschicht auf einem $LiTaO_3$-Substrat mit Standardelektroden für unterschiedliche Schichtdicken d_A und (b) Bandabsorptionsgrad α_B dieses Schichtsystems für $T = 500$ K in Abhängigkeit von der Schichtdicke d_A der NiCr-Absorptionsschicht. Abscheidewinkel $\theta = 85°$.

43 % entsprechen. Ein Vorteil der nanostrukturierten NiCr-Absorptionsschicht ist die gleichmäßig hohe Absorption auch bei sehr hohen Einfallswinkeln Θ der einfallenden Strahlung von bis zu 60° (**Abb. 7.10**). Im Gegensatz dazu sind z. B. gewöhnliche $\lambda/4$-Antireflexionsstrukturen nur für einen normalen Einfall der Strahlung ($\Theta = 0$) optimiert und verlieren schnell ihre Wirkung bei schräg einfallender Strahlung (typisch $\Theta > 20°$).

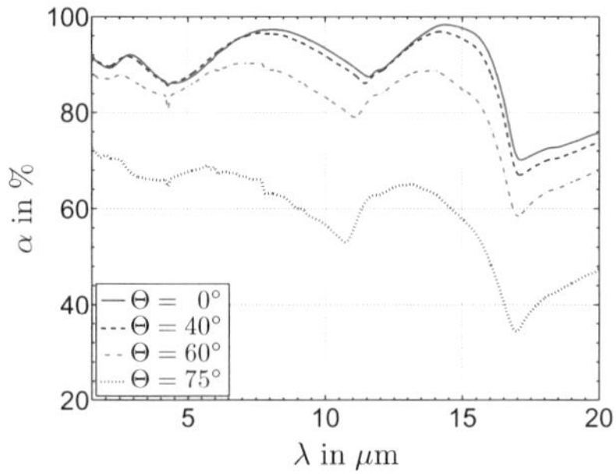

Abb. 7.10: Absorptionseigenschaften der NiCr-Absorptionsschicht in Abhängigkeit vom Einfallswinkel Θ der Strahlung. Abscheidewinkel $\theta = 85°$, $d_A = 1,2$ μm.

7.2.4 Schichtaufbau und -struktur

Untersuchungen des Schichtaufbaus einer bei einem Winkel von 85° abgeschiedenen NiCr-Schicht zeigen eine kolumnare Schichtstruktur (**Abb. 7.11**), wobei sich der Durchmesser der einzelnen NiCr-Säulen mit zunehmender Schichtdicke erhöht. Ursache dafür ist der Abschattungseffekt. Der Abscheideprozess ist ein zufälliger Vorgang, wodurch es immer geringe Höhenunterschiede zwischen den einzelnen NiCr-Säulen gibt. Durch den extrem hohen Einfallswinkel ist die Abscheidewahrscheinlichkeit der verdampften Teilchen für die höheren Säulen größer, die dadurch schneller wachsen. Ab einem bestimmten Höhenunterschied ist der Abschattungseffekt so groß, dass auf den kleineren Säulen keine Atome mehr abgeschieden werden und diese ihr Wachstum schließlich einstellen. Dadurch verringert sich die Anzahl der NiCr-Säulen mit steigender Schichtdicke fortlaufend (**Abb. 7.12**). Gleichzeitig nimmt der Durchmesser der weiter wachsenden Säulen zu. Bei einer Schichtdicke von 2 μm beträgt der mittlere Durchmesser der NiCr-Säulen an der Oberfläche der Schicht etwa 200 nm. Die lateralen Strukturabmessungen sind damit wesentlich kleiner als die Wellenlängen

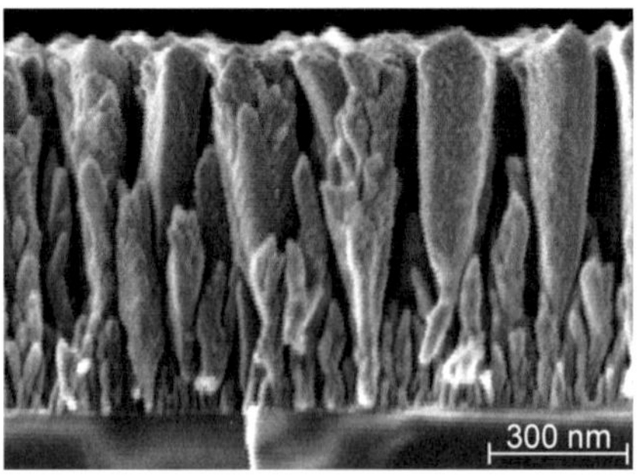

Abb. 7.11: REM-Aufnahme vom Querschnittsprofil der NiCr-Absorptionsschicht. Abscheidewinkel $\theta = 85°$.

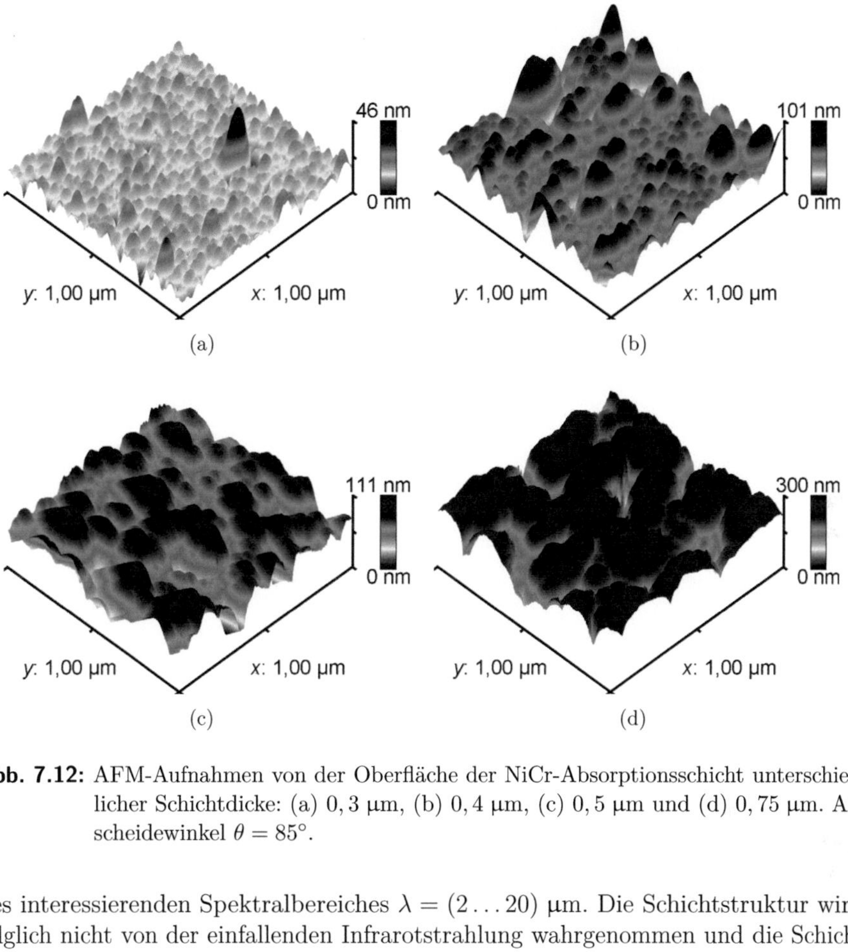

Abb. 7.12: AFM-Aufnahmen von der Oberfläche der NiCr-Absorptionsschicht unterschiedlicher Schichtdicke: (a) $0,3$ µm, (b) $0,4$ µm, (c) $0,5$ µm und (d) $0,75$ µm. Abscheidewinkel $\theta = 85°$.

des interessierenden Spektralbereiches $\lambda = (2 \ldots 20)$ µm. Die Schichtstruktur wird folglich nicht von der einfallenden Infrarotstrahlung wahrgenommen und die Schicht erscheint als homogenes Medium. Ihre optischen Eigenschaften ergeben sich aus dem Mischungsverhältnis NiCr-Luft und sind damit von der Porosität abhängig. Aufgrund der sich verringernden Säulendichte nimmt die Porosität der Schicht mit steigender Schichtdicke zu (**Abb. 7.13**). Für die optischen Eigenschaften der Schicht kann dies nur vorteilhaft sein, weil sich (automatisch) eine Gradientenschicht bildet (vgl. Abschnitt 7.2.1).

Zur Abschätzung der Porosität der NiCr-Absorptionsschicht wurde aus den REM-Aufnahmen in **Abb. 7.13** der Flächeninhalt A_{Luft} von Luft (schwarz) und A_{NiCr} von NiCr (weiß) bestimmt und daraus die Porosität P mit

$$P = \frac{A_{Luft}}{A_{Luft} + A_{NiCr}} \tag{7.7}$$

berechnet (**Abb. 7.14**). Zum Vergleich wurde die Schichtporosität aus der Dichte der

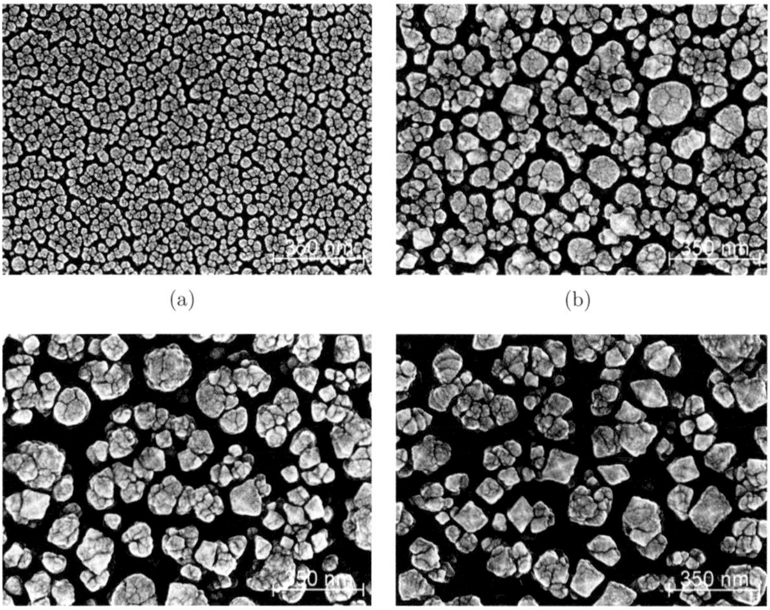

(a) (b) (c) (d)

Abb. 7.13: REM-Aufnahmen gleicher Vergrößerung von der Oberfläche der NiCr-Absorptionsschicht für unterschiedliche Schichtdicken: (a) $0,3\ \mu m$, (b) $0,4\ \mu m$, (c) $0,5\ \mu m$ und (d) $0,75\ \mu m$. Abscheidewinkel $\theta = 85°$.

NiCr-Absorptionsschicht bestimmt. Dazu wurde ein Si-Wafer mit bekannter Fläche bedampft und in Abhängigkeit von der Schichtdicke die darauf abgeschiedene NiCr-Masse gemessen. Aus dem geometrischen Schichtvolumen und der abgeschiedenen Masse kann die mittlere Dichte $\bar{\rho}$ der porösen NiCr-Schicht berechnet werden. Setzt man diese ins Verhältnis zur Dichte ρ_{bulk} des Volumenmaterials, dann ergibt sich die Porosität der Schicht zu

$$P = 1 - \frac{\bar{\rho}}{\rho_{bulk}}. \tag{7.8}$$

Die Messergebnisse zeigen qualitativ eine gute Übereinstimmung mit der aus den REM-Aufnahmen ermittelten Porosität und bestätigen, dass die Porosität mit der Schichtdicke zunimmt. Dabei können die absoluten Werte der aus den REM-Aufnahmen ermittelten Porosität nur als grobe Abschätzung angesehen werden. Aus der Dichtebestimmung ergibt sich für die Schichtporosität schließlich ein Anfangswert von etwa 40 % bis 45 %, der dann auf etwa 65 % ansteigt. Ab einer Schichtdicke von ungefähr $0,75\ \mu m$ nimmt P nur noch wenig zu, was darauf hindeutet, dass die Säulendichte ab dieser Schichtdicke nahezu konstant bleibt.

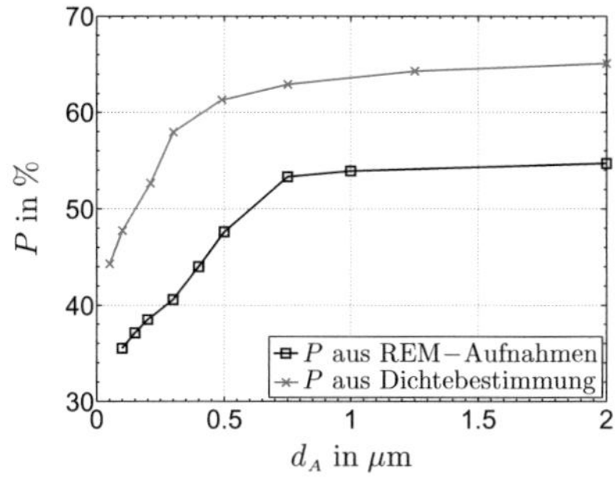

Abb. 7.14: Aus REM-Aufnahmen und Dichtemessung ermittelte Porosität der NiCr-Absorptionsschicht in Abhängigkeit von der Schichtdicke d_A. Abscheidewinkel $\theta = 85°$.

Zum Erreichen eines Absorptionsgrades $\alpha_S > 0,8$ ist für die NiCr-Absorptionsschicht eine Schichtdicke von mindestens $0,6$ µm notwendig. Bei einer angenommenen mittleren Porosität von 63 % ergibt sich für die volumenspezifische Wärmekapazität der nanostrukturierten NiCr-Absorptionsschicht ein Wert von $c'_A = 1,4 \cdot 10^{-6}$ J mm^{-2} µm^{-1} K^{-1}. Zur Erfüllung von Gl. (7.1) folgt daraus eine maximale Dicke der NiCr-Absorptionsschicht von etwa $0,45$ µm für ein 2 µm dickes Sensorelement. Für Sensorelementdicken von weniger als 1 µm muss die Schichtdicke folglich kleiner als 225 nm sein. Die Absorption in der NiCr-Schicht ist dann aber so gering (vgl. **Abb. 7.9**), dass eine Erhöhung der thermischen Auflösung nicht zu erwarten ist. Aufgrund der notwendigen Schichtdicke ist ein sinnvoller Einsatz der NiCr-Absorptionsschicht deshalb nur bis zu einer minimalen Sensorelementdicke von etwa 3 µm möglich. Die Schichtdicke darf dann maximal $0,67$ µm betragen, damit Gl. (7.1) erfüllt wird. Dabei wird ein Absorptionsgrad von ungefähr 0,8 erreicht.

7.2.5 Sensoren mit Nickel-Chrom-Absorptionsschicht

Die NiCr-Absorptionsschicht ist kompatibel zur Herstellungstechnologie pyroelektrischer $LiTaO_3$-Sensoren und lässt sich leicht in den Fertigungsprozess integrieren. Im technologischen Gesamtablauf findet die Abscheidung der NiCr-Absorptionsschicht unmittelbar nach Fertigstellung des Frontelektrodensystems statt (siehe Abschnitt 4.2.2). Die Strukturierung der NiCr-Absorptionsschicht erfolgte fotolithografisch mit der Lift-off-Technik. Dazu wurden Fotolackhaftmasken vom Typ AZ 1514 H mit einer Dicke von knapp 2 µm verwendet. Voraussetzung für diesen Prozess sind normalerweise steile Lackkanten, die nicht bedampft werden und dem Lösungsmittel genügend Angriffsfläche zur Entfernung der Lackmaske bieten. Durch den schrägen Teilcheneinfall werden jedoch alle Lackkanten vollständig bedampft. Die poröse Schichtstruktur ermöglicht dennoch den Lift-off-Prozess. Hierbei haben sich stark abgerundete Lackkanten als vorteilhaft beim Abheben der Lackmaske erwiesen. Diese lassen sich durch eine Abstandsbelichtung sowie eine längere Belichtungs- und

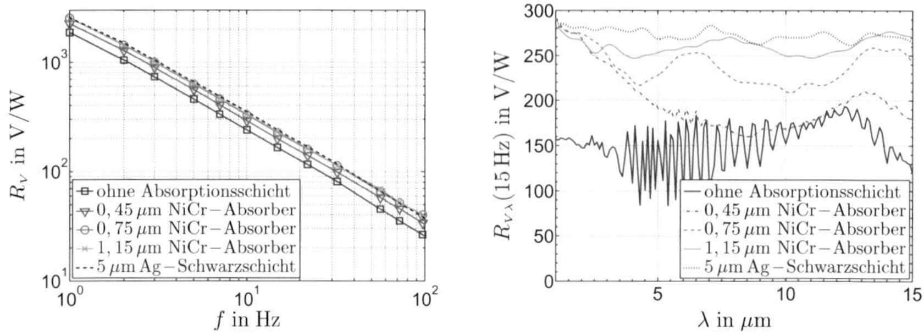

(a) (b)

Abb. 7.15: Gemessene (a) schwarze Empfindlichkeit und (b) spektrale Empfindlichkeit von $LiTaO_3$-Sensoren mit NiCr-Absorptionsschicht im Vergleich zu Sensoren ohne Absorptionsschicht und solchen mit Ag-Schwarzschicht. $A_D = (2 \text{x} 2)$ mm², $d_P \approx 20$ μm, ZnSe-Fenster.

Entwicklungszeit erzeugen.

Zur Untersuchung der Absorptionseigenschaften, der Reproduzierbarkeit und der Langzeitstabilität wurde die NiCr-Absorptionsschicht zunächst auf Sensorelementen mit einer strahlungsempfindlichen Fläche von (2 x 2) mm² und einer Dicke von etwa 20 μm hergestellt. Die Messergebnisse zeigen eine deutliche Erhöhung sowohl der schwarzen als auch der spektralen Empfindlichkeit in Abhängigkeit von der Schichtdicke d_A der NiCr-Absorptionsschicht (**Abb. 7.15**). Für eine Schichtdicke von 1, 15 μm konnte eine mittlere Erhöhung der schwarzen Empfindlichkeit von 42, 5 % festgestellt werden, was einem Absorptionsgrad von ungefähr 0,9 entspricht (**Tab. 7.2**). Wie aus der Messung der spektralen Empfindlichkeit hervorgeht, ist dabei die Absorption bis zu einer Wellenlänge von 15 μm recht gleichmäßig. Damit werden die Messergebnisse aus Abschnitt 7.2.3 bestätigt. Die Reproduzierbarkeit der optischen und auch mechanischen Eigenschaften ist sehr hoch. Da ein Einfluss der NiCr-Absorptionsschicht auf das Rauschverhalten der Sensoren nicht festgestellt werden konnte, ist mit der

Tab. 7.2: Mittlere Steigerung der schwarzen Empfindlichkeit R_V von $LiTaO_3$-Einelementsensoren mit NiCr-Absorptionsschicht und sich daraus ergebender Absorptionsgrad α_S des Sensorelementes im Vergleich zu einer Ag-Schwarzschicht. $d_P \approx 20$ μm.

Absorptionsschicht	d_A in μm	R_V-Steigerung in %	α_S
NiCr-Absorber	0,45	21,5	0,765
NiCr-Absorber	0,75	37,2	0,864
NiCr-Absorber	1,15	42,5	0,898
Ag-Schwarzschicht	5,00	49,5	0,942

Empfindlichkeitserhöhung folglich direkt eine Erhöhung der thermischen Auflösung verbunden.

Um die Temperaturwechselbeständigkeit der NiCr-Absorptionsschicht zu testen, wurde eine Serie von zehn Einelementsensoren aufgebaut. Von diesen Sensoren wurden zunächst die Sensorkenngrößen messtechnisch bestimmt. Dann erfolgte eine Wechselbeanspruchung in 44 Zyklen zwischen 5 °C und 60 °C mit einer Temperaturänderung von 1 K/min. Im Rahmen der Messunsicherheit der Messplätze konnte keine Änderung der Kenngrößen festgestellt werden. Ein derartiger Stresstest wird in der Industrie üblicherweise zur Untersuchung der Langzeitstabilität von pyroelektrischen Sensoren angewendet. Da eine chemische Veränderung des NiCr über die Zeit nicht zu erwarten ist, folgt daraus die sehr gute Langzeitstabilität für NiCr-Absorptionsschichten.

Mit steigender Modulationsfrequenz verringert sich die thermische Diffusionslänge der Wärmewelle in der Absorptionsschicht. Das hat zur Folge, dass ab einer Modulationsfrequenz

$$f \geq \frac{a_A}{2\pi d_A^2} \tag{7.9}$$

die Wärmewelle die Absorptionsschicht nicht mehr vollständig durchdringt und es zu einem nicht zu vernachlässigenden Verlust an Empfindlichkeit und spezifischer Detektivität kommt [24]. Dies wird z. B. bei Metall-Schwarzschichten beobachtet und ist auf deren schlechte Wärmeleitfähigkeit zurückzuführen (**Abb. 7.16**). Aufgrund der kolumnaren Schichtstruktur kann für die NiCr-Absorptionsschicht in z-Richtung die Wärmeleitfähigkeit des Volumenmaterials angenommen werden, die etwa zwei Größenordnungen größer als die einer Ag-Schwarzschicht ist. Des Weiteren ist die Schichtdicke d_A der NiCr-Absorptionsschicht deutlich geringer. Das hat zur Folge, dass bei Sensoren mit NiCr-Absorptionsschicht bis zu einer Modulationsfrequenz $f = 10$ kHz kein Empfindlichkeitsabfall gemessen wird. Diese Eigenschaft macht die NiCr-Absorptionsschicht insbesondere für sehr schnelle Temperaturmessungen interessant.

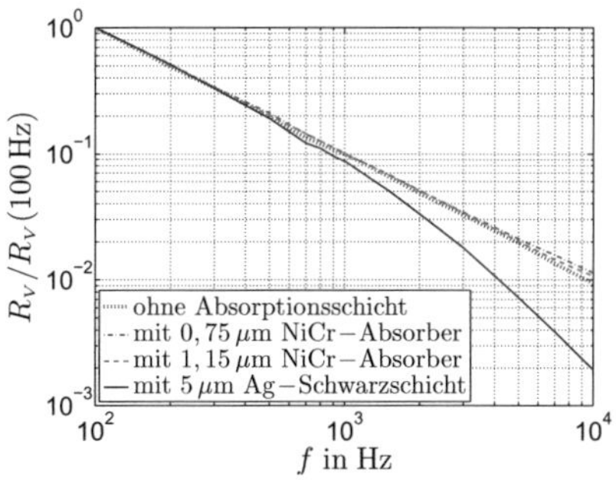

Abb. 7.16: Empfindlichkeit R_V von $LiTaO_3$-Sensoren mit unterschiedlichen Absorptionsschichten bei hohen Modulationsfrequenzen f, normiert auf den Wert für $f = 100$ Hz. $d_P \approx 20$ µm

Ausgehend von den Messergebnissen der spektralen Empfindlichkeit sollte die Schichtdicke der NiCr-Absorptionsschicht mindestens 0,75 µm betragen, damit auch bei Wellenlängen von bis zu 15 µm noch eine hohe Absorption erreicht wird. Mit einer derartigen Absorptionsschicht wurde für 20 µm dicke Sensorelemente ein Absorptionsgrad von etwa 0,86 ermittelt. Wie aus den Untersuchungen zum Schichtaufbau im Abschnitt 7.2.4 hervorging, ist für eine Schichtdicke von 0,75 µm ein sinnvoller Einsatz der NiCr-Absorptionsschicht nur bis zu einer minimalen Sensorelementdicke von etwa 3 µm zu erwarten. Für dünnere Sensorelemente ist die Wärmekapazität der NiCr-Absorptionsschicht zu hoch, was mit einem Empfindlichkeitsabfall aufgrund der geringeren Temperaturänderung im Sensorelement verbunden ist. Die Messergebnisse der schwarzen Empfindlichkeit ultradünner $LiTaO_3$-Sensoren mit NiCr-Absorptionsschicht bestätigen dieses Verhalten (**Abb. 7.17**). Die erreichbare Empfindlichkeitssteigerung verringert sich für Sensorelementdicken von weniger als 5 µm zunehmend. Für Sensorelemente mit einer Dicke von 2 µm und weniger ist die Wärmekapazität der NiCr-Absorptionsschicht so groß, dass anstatt einer Erhöhung sogar eine Verringerung der Empfindlichkeit die Folge ist. Die minimal nutzbare Sensorelementdicke für eine 0,75 µm dicke NiCr-Absorptionsschicht beträgt daher etwa 3 µm, wobei ein effektiver Absorptionsgrad von ungefähr 0,76 erreicht wird. Im Vergleich dazu kann mit einer Ag-Schwarzschicht aufgrund der viel geringeren volumenspezifischen Wärmekapazität auch für Sensorelementdicken von weniger als 1 µm eine Erhöhung der Empfindlichkeit erzielt werden. Für ein 0,6 µm dickes Sensorelement beträgt diese noch etwa 9 %. Die NiCr-Absorptionsschicht ist aufgrund ihrer hohen volumenspezifischen Wärmekapazität und der für eine gleichmäßig hohe Absorption notwendigen Schichtdicke folglich nicht für den Einsatz in ultradünnen $LiTaO_3$-Sensoren mit $d_P < 2$ µm geeignet. Ein Einfluss der NiCr-Absorptionsschicht auf das Rauschverhalten konnte auch bei ultradünnen Sensorelementen nicht festgestellt werden.

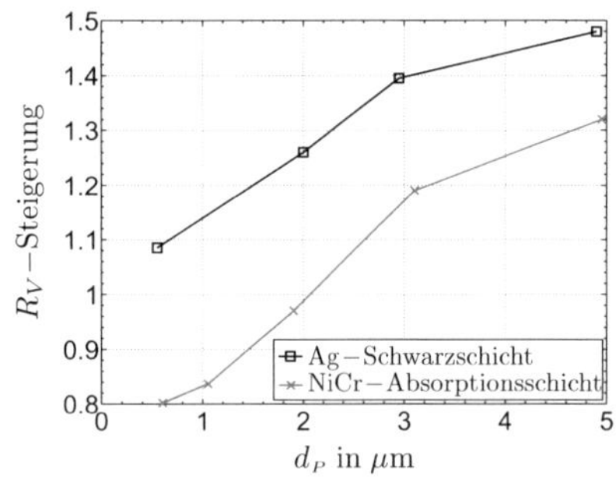

Abb. 7.17: Steigerung der schwarzen Empfindlichkeit R_V von $LiTaO_3$-Sensoren mit einer 0,75 µm dicken NiCr-Absorptionsschicht im Vergleich zu Sensoren mit einer 5 µm dicken Ag-Schwarzschicht in Abhängigkeit von d_P. $A_D = (1\,x\,1)$ mm^2, $f = 100$ Hz.

7.3 Gold-Nanostäbchen als Absorber für Infrarotstrahlung

7.3.1 Plasmonenresonanz in Nanopartikeln

Winzige Metallobjekte mit Abmessungen von wenigen Nanometern besitzen interessante optische Eigenschaften, wie z. B. starke Lichtabsorption, die bereits zu vielen sensorischen Anwendungen geführt haben [168, 169]. Dieser Effekt soll hier für die Nutzung als IR-Absorptionsschicht untersucht werden [170]. Der physikalische Ursprung der Lichtabsorption in metallischen Nanopartikeln ist die kollektive Anregung der freien Elektronen durch ein elektromagnetisches Feld zu Plasmaschwingungen gegen die positiven Ionenrümpfe, was allgemein als Plasmonenoszillation bezeichnet wird (**Abb. 7.18**). Diese kollektive Schwingung der freien Elektronen gerät je nach Größe, Form, Material und Umgebung des Partikels bei unterschiedlichen Wellenlängen in Resonanz [171]. Dabei ist der Effekt der Plasmonenresonanz auf ein relativ schmales Wellenlängenintervall begrenzt. Von großem Interesse sind Nanopartikel aus Edelmetall, insbesondere Au und Ag, weil hier die Plasmonenresonanz direkt durch elektromagnetische Strahlung im sichtbaren Wellenlängenbereich angeregt werden kann. Unter den vielen Formen von synthetisierbaren Nanopartikeln aus Edelmetall haben vor allem Nanostäbchen die meiste Aufmerksamkeit erfahren, weil sie sich zum einen leicht herstellen lassen und zum anderen bestimmte optische Eigenschaften durch Wahl des Aspektverhältnisses AV (Länge : Breite) kontrolliert werden können [172].

Für Nanostäbchen existieren zwei Plasmonenresonanzen entsprechend der Oszillation der freien Elektronen entlang der langen Achse des Stäbchens und senkrecht dazu (**Abb. 7.19a**). Die Resonanz senkrecht zur langen Achse (TSPR - transverse surface plasmon resonance) bestimmt die transversale Absorptionsbande. Dagegen resultiert die Plasmonenresonanz parallel zur langen Stabachse in einer longitudinalen Absorptionsbande, die bei höheren Wellenlängen auftritt und sehr stark vom Aspektverhältnis des Nanostäbchens abhängig ist. Die Absorptionsstärke hängt all-

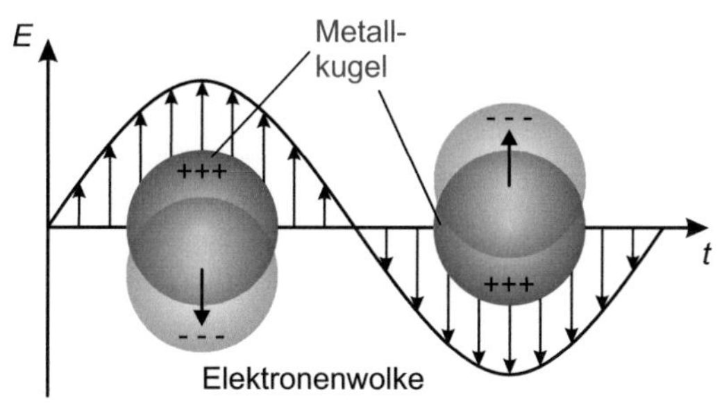

Abb. 7.18: Schematische Darstellung der Plasmonenoszillation für eine Metallkugel, welche die Verschiebung der Elektronenwolke (hell) durch den elektrischen Feldvektor E der elektromagnetischen Welle relativ zum positiven Ionenrumpf (dunkel) zeigt.

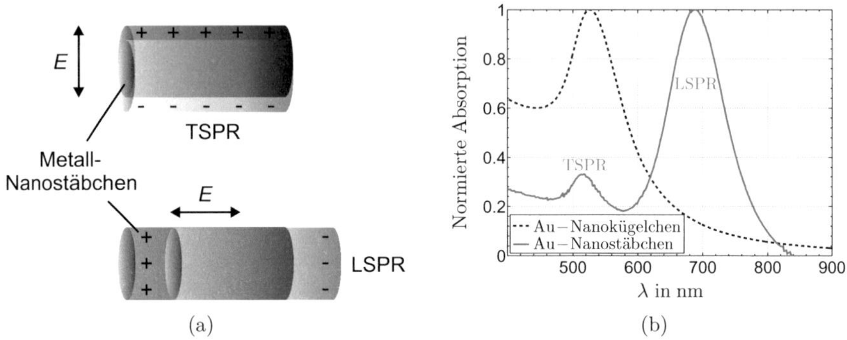

Abb. 7.19: (a) Schematische Darstellung der transversalen (TSPR) und longitudinalen (LSPR) Mode der Plasmonenresonanz in stabförmigen Nanopartikeln und (b) gemessenes spektrales Absorptionsverhalten von Au-Nanostäbchen im Vergleich zu Au-Kügelchen.

gemein vom Polarisationszustand der einfallenden Strahlung und damit auch von der Ausrichtung der Nanostäbchen ab. Für zufällig angeordnete Nanostäbchen und unpolarisierte Strahlung ist die Absorption im LSPR-Band im Allgemeinen wesentlich größer als im TSPR-Band (**Abb. 7.19b**).

Die spektrale Lage und Stärke der Plasmonenresonanz ist von der Zusammensetzung der Partikel, ihrer Form und Größe sowie der direkten Umgebung abhängig und lässt sich durch geschickte Wahl der genannten Parameter gezielt einstellen. Bei stabförmigen Nanopartikeln verschiebt sich mit steigendem Aspektverhältnis die longitudinale Plasmonenresonanz zu höheren Wellenlängen und kann so bis in den Infrarotbereich gebracht werden (**Abb. 7.20**). Die relative Permittivität ihrer unmittelbaren Umgebung bestimmt, in welchem Ausmaß die Rückstellkraft der Oszillation durch Polarisationsladungen im Dielektrikum beeinflusst wird. Deshalb hat eine höhere Permittivität eine Rotverschiebung der Resonanzwellenlänge zur Folge. Befinden sich mehrere Nanopartikel räumlich sehr nah beieinander bzw. bilden ein Agglomerat, dann kommt es zu einer Kopplung der schwingenden Dipole. Diese Kopplung bewirkt ebenfalls eine Schwächung der Rückstellkraft der Plasmonenoszillation und folglich auch eine Rotverschiebung der spektralen Lage der Resonanzwellenlänge. Berechnungen haben gezeigt, dass mit zunehmender Agglomeratsgröße und -dichte die Rotverschiebung zunimmt [173, 174].

Die quantitative Beschreibung der optischen Eigenschaften von (Gold-) Nanopartikeln ist durch Aufstellen und Lösen der MAXWELLschen Gleichungen mit den entsprechenden Randbedingungen möglich, was erstmals 1908 von Gustav Mie getan wurde [175]. Mit Hilfe der MIE-Theorie lässt sich die Extinktion, d. h. die Absorption und Streuung, elektromagnetischer Strahlung an sphärischen Nanopartikeln beliebiger Größe berechnen. Der Theorie zufolge dominiert die Absorption gegenüber der Streu-

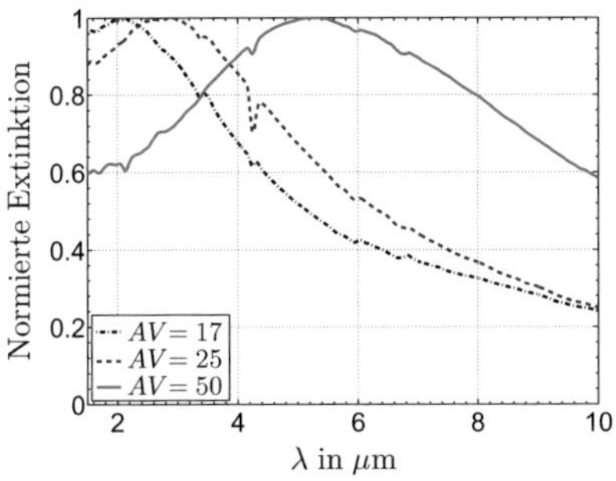

Abb. 7.20: Gemessene spektrale Abhängigkeit der longitudinalen Plasmonenresonanz (LSPR) vom Aspektverhältnis AV der Au-Nanostäbchen. Die Messung erfolgte mit einem FTIR-Spektrometer Spectrum 2000 von PerkinElmer. Die Au-Nanostäbchen wurden dazu auf ein Substrat aus Kalziumfluorid (CaF_2) aufgebracht, das bis zu einer Wellenlänge von etwa 11 μm eine hohe Transmission besitzt.

ung, solange der Durchmesser der Nanopartikel wesentlich kleiner als die Wellenlänge der elektromagnetischen Strahlung ist. Deshalb sind auch meist Absorptionsspektren in der Literatur zu finden, wenn Extinktionsspektren gemessen wurden. Eine exakte Beschreibung der optischen Eigenschaften von Nanostäbchen ist bislang nicht möglich. Werden diese näherungsweise als Rotationsellipsoide aufgefasst, dann existiert eine analytische Lösung [176]. Meist kommen jedoch numerische Verfahren, wie z. B. die Diskrete-Dipol-Approximations-Methode (DDA) [177], zum Einsatz. Damit kann die Position der longitudinalen Plasmonenresonanz in Abhängigkeit vom Aspektverhältnis berechnet werden. Für eine erste Abschätzung der Resonanzwellenlänge λ_{max} kann hierfür die Näherung nach [178]

$$\lambda_{max}[\mathrm{nm}] = 96AV + 418 \tag{7.10}$$

benutzt werden. Für eine detaillierte Herleitung der Absorption und Streuung elektromagnetischer Strahlung an metallischen Nanopartikeln sei an dieser Stelle auf die Literatur verwiesen [179–182].

Aufgrund der einstellbaren Absorptionsbande und des großen Absorptionsquerschnitts werden Au-Nanostäbchen als „Antennen“ für fotothermische Anwendungen verwendet [183]. Dabei werden die Partikel mit Laserlicht bestrahlt, dessen Wellenlänge dem Absorptionsmaximum entspricht. Da Au-Nanopartikel praktisch keine Lumineszenz aufweisen, wird die absorbierte Energie nahezu vollständig in Wärme umgewandelt und durch Wärmeleitung an die Umgebung abgegeben. Häufig kommen dabei gepulste Laser zum Einsatz, deren hohe Leistungsspitzen zu einer drastischen Erwärmung der Au-Nanostäbchen und ihrer unmittelbaren Umgebung führen. Auf diese Weise konnten zum Beispiel Krebszellen durch Inkubation mit antikörperfunktionalisierten Au-Nanostäbchen und nachfolgender Bestrahlung abgetötet werden [184]. Schließlich kann durch Aufbringen der Au-Nanostäbchen auf die strahlungsempfindliche Fläche eines pyroelektrischen Detektors eine Erhöhung des Absorptionsgrades erreicht werden, wenn die von den Au-Nanostäbchen absorbierte Energie durch Wärmeleitung an das Sensorelement übertragen wird.

7.3.2 Synthese von Gold-Nanostäbchen

Die Herstellung von Au-Nanostäbchen erfolgt meist durch eine nasschemische [185], elektrochemische [186] oder fotochemische [187] Reduktion von Goldsalzen. Dabei wird ein anisotropes Wachstum durch die Verwendung von Kristallisationskeimen in Verbindung mit strukturvermittelnden Tensiden, z. B. Cetyltrimethylammoniumbromid (CTAB), erreicht (**Abb. 7.21**). Die in dieser Arbeit verwendeten Au-Nanostäbchen wurden in einem nasschemischen Herstellungsprozess synthetisiert, der dem von Wu et al. in [188] beschriebenen Verfahren ähnelt:

- In einem ersten Schritt werden in einer wässrigen Lösung von Tetrachlorgold(III)säure ($HAuCl_4$) unter ständigem Rühren durch die Zugabe von Natriumborhydrid ($NaBH_4$) die $[AuCl_4]^-$-Ionen zu Gold reduziert. In der Lösung bilden sich zunächst Cluster aus elementarem Gold, die im weiteren Verlauf der Reaktion zu größeren Nanopartikeln heranwachsen und als Kristallisationskeime für den nachfolgenden Wachstumsprozess dienen.

- Die Goldkeime kommen anschließend in eine Wachstumslösung bestehend aus $HAuCl_4$, CTAB und Ascorbinsäure. Letzteres ist ein schwaches Reduktionsmittel, das das Goldsalz nur mit Hilfe der Goldkeime reduzieren kann. Das Wachstum der Nanostäbchen wird durch das Tensid CTAB ermöglicht, das vorzugsweise an den Kristallebenen der langen Stabachse adsorbiert und dort die Anlagerung von Goldatomen verhindert.

Die Reaktionskinetik während der Keimbildung und des Stabwachstums lässt sich über die Reaktionsbedingungen, wie z. B. Konzentration der eingesetzten Edukte, Temperatur und pH-Wert, bestimmen. Dadurch ist es möglich, die Größe der Au-Nanostäbchen zu beeinflussen. Im Ergebnis entstanden Au-Nanostäbchen mit einem sehr hohen Aspektverhältnis von bis zu 50, die einen typischen Durchmesser von $(25 \ldots 30)$ nm und eine Länge von bis zu $1,5$ µm aufweisen (**Abb. 7.22**) und als

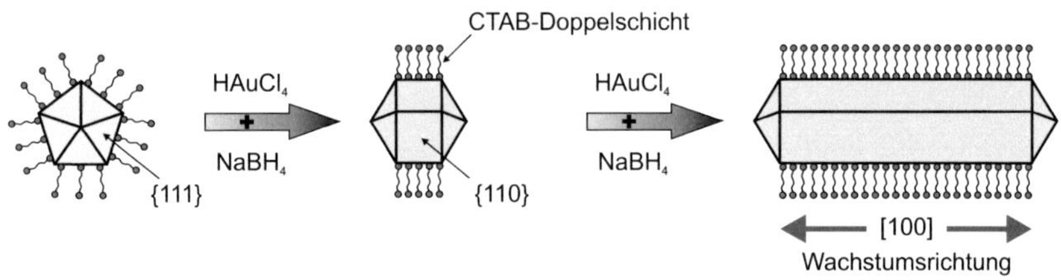

Abb. 7.21: Anisotropes Wachstum von Au-Nanostäbchen mittels Kristallisationskeimen.

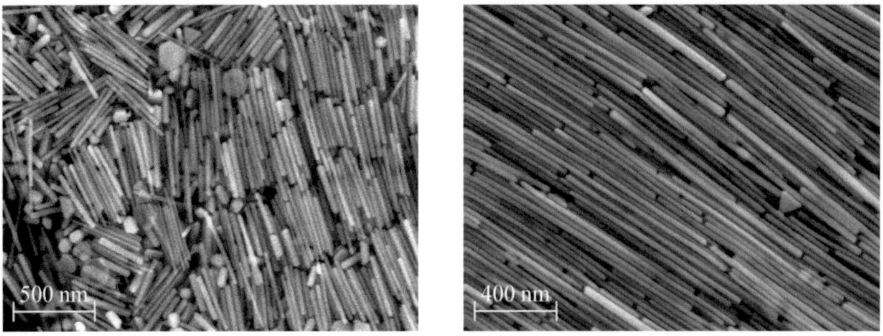

(a) (b)

Abb. 7.22: REM-Aufnahmen von Au-Nanostäbchen mit einem mittleren Aspektverhältnis von (a) 14 und (b) 45.

Absorber auf die strahlungsempfindliche Fläche der $LiTaO_3$-Sensoren aufgebracht wurden.

Neben den Nanostäbchen sind in der fertigen Suspension auch ungewünschte Nebenprodukte, d. h. Partikel mit anderen geometrischen Formen, enthalten, die das spektrale Absorptionsverhalten beeinflussen. Hierbei wurden vorwiegend dreieckige und hexagonale Nanoplättchen sowie kugelförmige Nanopartikel beobachtet (vgl. **Abb. 7.22a**). Die Gesamtausbeute an Au-Nanostäbchen liegt bei etwa (50 ... 70) % und verringert sich mit steigendem Aspektverhältnis. Des Weiteren ist die Streuung im Aspektverhältnis der Au-Nanostäbchen umso größer, je größer das (mittlere) Aspektverhältnis ist. Dies führt zu einer breitbandigeren Absorption, was für die Funktion als Absorptionsschicht vorteilhaft ist. Andererseits verschlechtert sich dadurch die Reproduzierbarkeit. Bei der Messung des spektralen Absorptionsverhaltens wurde festgestellt, dass bei Proben, die mit der gleichen Prozedur und von der gleichen Au-Nanostäbchen-Suspension hergestellt wurden, die Standardabweichung der Lage des Absorptionsmaximums mit steigendem Aspektverhältnis deutlich zunimmt (**Tab. 7.3**).

Tab. 7.3: Lage des Absorptionsmaximums und dessen Standardabweichung von Au-Nanostäbchen mit unterschiedlichem Aspektverhältnis AV auf einem CaF_2-Substrat.

AV	λ_{max} in nm (Gl. (7.10))	λ_{max} in nm (Messung)
17	2.050	2.146 ± 12
22	2.530	2.666 ± 67
45	4.738	4.634 ± 563

7.3.3 Sensoren mit Gold-Nanostäbchen

Zum Nachweis der Funktion als IR-Absorptionsschicht wurden die Au-Nanostäbchen auf die strahlungsempfindliche Fläche von $LiTaO_3$-Sensoren aufgebracht und die Empfindlichkeit vor sowie nach der Beschichtung gemessen und miteinander verglichen. Das Auftragen der Au-Nanostäbchen erfolgte durch Auftropfen einer geringen Menge der Suspension. Nach dem Verdampfen des Lösungsmittels bleibt eine dünne Schicht ungeordneter Au-Nanostäbchen auf der Frontelektrode der Sensoren zurück. Die Verteilung der Partikel ist dabei sowohl in der Mitte als auch am Rand des aufgetropften Bereiches überwiegend homogen (**Abb. 7.23**).

Die Messergebnisse der spektralen Empfindlichkeit bestätigen das Absorptionsverhalten der Au-Nanostäbchen. Der Vergleich mit unbeschichteten Sensoren zeigt eine schmalbandige Erhöhung der Empfindlichkeit mit einem Maximum, dessen Position vom Aspektverhältnis der Au-Nanostäbchen abhängig ist (**Abb. 7.24**). Die maximale Empfindlichkeitssteigerung beträgt dabei etwa 10 %. Für Au-Nanostäbchen mit einem mittleren Aspektverhältnis von 45 liegt dieses Maximum bei einer Wellenlänge von etwa $6,6$ µm, respektive $3,1$ µm für $AV = 17$. Im Vergleich zu den Messwerten in **Tab. 7.3** befinden sich die Absorptionsmaxima bei höheren Wellenlängen. Diese Rotverschiebung ist auf den Einfluss des Substratmaterials (hier NiCr-Elektrode) zurückzuführen. In [189] wurde gezeigt, dass ein metallisches Substrat die optischen Eigenschaften von Nanopartikeln wesentlich mehr beeinflusst als ein dielektrisches Substrat. Dabei kommt es zu einer elektromagnetischen Kopplung zwischen den Nanostäbchen und dem (Metall-) Substrat, die mittels der Spiegelladungstheorie beschrieben werden kann [180]. Die von der einfallenden elektromagnetischen Strahlung hervorgerufenen Dipolschwingungen in den Nanostäbchen induzieren Polarisationsladungen in der Metalloberfläche, die wiederum das elektrische Feld beeinflussen, das die Nanostäbchen polarisiert. Diese Rückkopplung beeinflusst die Plasmonenoszillation

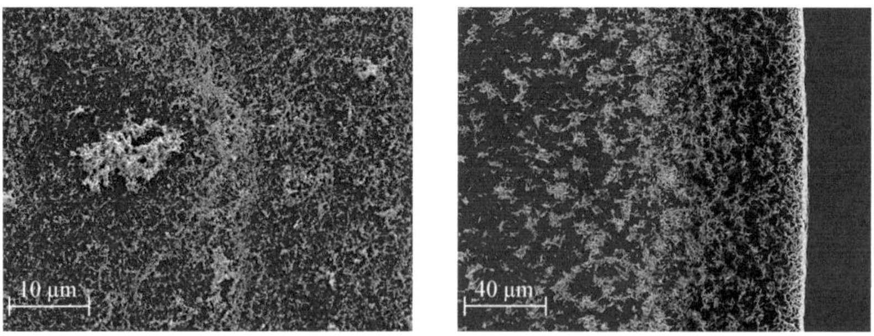

(a) (b)

Abb. 7.23: REM-Aufnahmen der typischen Verteilung von Au-Nanostäbchen (hier mit $AV = 45$) auf der Frontelektrode eines $LiTaO_3$-Sensors: (a) in der Mitte und (b) am Rand des aufgetropften Bereiches.

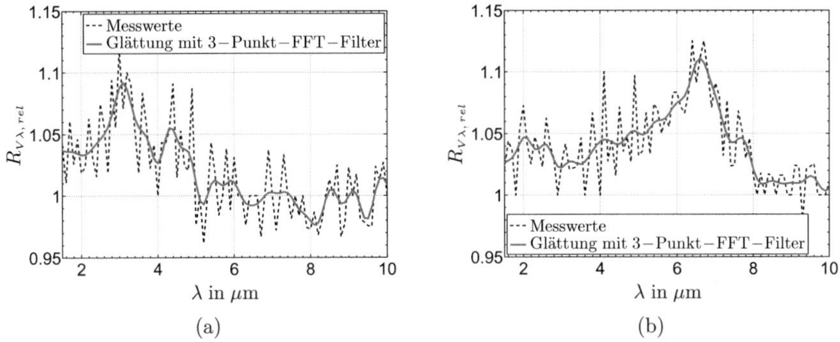

Abb. 7.24: Gemessene relative spektrale Empfindlichkeit $R_{V\lambda,rel}$ von $LiTaO_3$-Sensoren mit Au-Nanostäbchen, die ein mittleres Aspektverhältnis von (a) 17 und (b) 45 besitzen.

und wird im Wesentlichen von der Permittivität des Substratmaterials bestimmt. Das Substrat beeinflusst damit die Wellenlänge und die Bandbreite der Plasmonenresonanz. In [190] wurde gezeigt, dass die vom Substrat verursachte Rotverschiebung linear vom Brechungsindex des Substratmaterials abhängig ist. Entscheidend ist hierbei der Abstand zwischen Partikel und Substrat. Die Rotverschiebung der Plasmonenresonanz ist umso stärker, je näher sich das Partikel am Substrat befindet. Der Substrateinfluss kann hingegen vernachlässigt werden, wenn der Abstand größer als der doppelte Durchmesser des Partikels ist.

Analog zur Nanostäbchen-Substrat-Wechselwirkung kommt es zu einer Verkopplung der Plasmonenoszillationen einzelner Nanostäbchen, wenn diese sehr nah beieinander liegen [191]. Hierbei bewirkt eine axiale Verkopplung, bei der die Enden zweier Nanostäbchen sich berühren, eine Rotverschiebung der longitudinalen Plasmonenresonanz, da es eine Vergrößerung des Aspektverhältnisses darstellt. Im Gegensatz dazu bewirkt eine seitliche Kopplung, bei der die Nanostäbchen parallel nebeneinander liegen, eine Blauverschiebung der Plasmonenresonanz. Als Folge dessen können Nebenmaxima im Spektrum auftreten, deren Größe von der Anzahl der Plasmonenkopplungen abhängig ist. Dies wurde bei der Messung der spektralen Empfindlichkeit beobachtet (vgl. gefilterte Kurven in **Abb. 7.24**).

Da die Anordnung der Nanostäbchen auf der strahlungsempfindlichen Fläche der $LiTaO_3$-Sensoren rein zufällig ist, beeinflussen die elektromagnetischen Wechselwirkungen folglich die Reproduzierbarkeit ihrer optischen Eigenschaften als Absorptionsschicht. Schließlich lassen sich folgende Schlussfolgerungen ziehen:

- Die Messergebnisse der spektralen Empfindlichkeit bestätigen das Absorptionsverhalten der Au-Nanostäbchen und damit ihre Funktion als IR-Absorber, wobei die Absorption allerdings sehr gering ist.

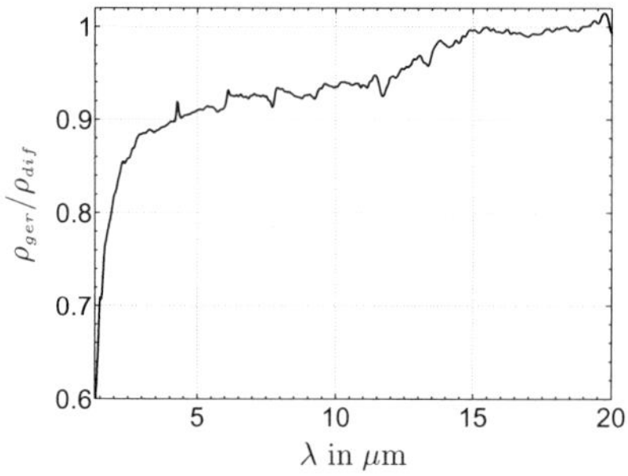

Abb. 7.25: Verhältnis zwischen gerichteter (ρ_{ger}) und diffuser (ρ_{dif}) Reflexion von einem 500 µm dicken $LiTaO_3$-Substrat mit Standardelektroden und einer dünnen Schicht Au-Nanostäbchen ($AV = 45$) auf der Frontelektrode. Die Messung erfolgte mit einem FTIR-Spektrometer Spectrum 2000 von PerkinElmer.

- Eine Erhöhung der schwarzen Empfindlichkeit konnte messtechnisch nicht nachgewiesen werden.

- Ursache für die geringe Absorption ist die Größe der Au-Nanostäbchen. Da die Länge der Nanostäbchen (bei $AV = 45$ sind die Stäbchen durchschnittlich etwa $1,3$ µm lang) nicht wesentlich kleiner als die Wellenlänge der zu absorbierenden Strahlung ist, wird der größte Teil dieser Strahlung gestreut und nicht absorbiert. Ein Vergleich der gerichteten und diffusen Reflexion bestätigt diese Annahme (**Abb. 7.25**). Je kurzwelliger die Strahlung, desto mehr wird davon gestreut.

- Ein Einsatz der Au-Nanostäbchen als IR-Absorptionsschicht ist gegenwärtig nicht sinnvoll. Da die Plasmonenresonanzwellenlänge aber vom Aspektverhältnis und damit nur indirekt von der Länge der Nanostäbchen abhängig ist, könnte mit dünneren Nanostäbchen bei gleichem Aspektverhältnis eine höhere Absorption erreicht werden.

- Ein Einfluss der Au-Nanostäbchen auf das Rauschverhalten der Sensoren wurde nicht festgestellt.

7.4 Vergleich

Tab. 7.4 fasst die wesentlichen Eigenschaften der hier untersuchten Absorptionsschichten zusammen und vergleicht sie mit herkömmlichen IR-Absorptionsstrukturen. Mit der NiCr-Absorptionsschicht wurde eine neue Absorptionsschicht für pyroelektrische Infrarotsensoren entwickelt [192, 193] und patentiert [194], die eine hohe und gleichmäßige Absorption besitzt, aber nicht die Nachteile von Metall-Schwarzschichten aufweist. Sie ist mechanisch stabil, feuchtigkeitsbeständig und kann nasschemisch behandelt werden, wodurch sie sich fotolithografisch strukturieren und damit in

Tab. 7.4: Vergleich der für $LiTaO_3$-Sensoren wichtigsten Eigenschaften der untersuchten, ultradünnen Absorptionsschichten mit kommerziellen IR-Absorptionsstrukturen.

Eigenschaft	NiCr-schicht	Au-Nano-stäbchen	Ag-Schwarz-schicht	$\lambda/4$-Polyimid	Ruß-Novolak
Absorption für $\lambda = (2 \ldots 20)$ µm	+	−	+	○	+
Wärmekapazität	○	+	+	○	○
Haftfestigkeit	+	○	○	+	+
Technologie-kompatibilität	+	○	○	+	+
Wärmeleitfähigkeit	+	+	○	○	○
Langzeitstabilität	+	(+)	+	+	+

Legende: + ... sehr gut, ○... ausreichend, −... ungenügend.

den Herstellungsprozess integrieren lässt. Die NiCr-Absorptionsschicht besitzt gegenüber Metall-Schwarzschichten nicht nur hervorragende mechanische Eigenschaften, sondern auch eine hohe Wärmeleitfähigkeit. Dadurch kommt es bei sehr hohen Modulationsfrequenzen zu keinem Empfindlichkeitsabfall, wodurch die Schicht für sehr schnelle Temperaturmessungen geeignet ist. Außerdem ist sie sehr temperaturstabil und kann im Gegensatz zu herkömmlichen IR-Absorptionsstrukturen auch bei sehr hohen Umgebungstemperaturen von über 200 °C eingesetzt werden. Wegen der hohen volumenspezifischen Wärmekapazität des NiCr wird beim Einsatz der NiCr-Absorptionsschicht in ultradünnen $LiTaO_3$-Sensoren mit $d_P < 2$ µm keine Erhöhung der thermischen Auflösung erreicht.

Im Gegensatz dazu ist die Wärmekapazität der Au-Nanostäbchen sehr gering. Für eine geschlossene Goldschicht, deren Dicke dem typischen Durchmesser (30 nm) der Au-Nanostäbchen entspricht, ist Gl. (7.1) bis zu einer minimalen Sensorelementdicke von etwa 0,24 µm erfüllt. Damit können die Au-Nanostäbchen in ultradünnen $LiTaO_3$-Sensoren prinzipiell eingesetzt werden. Eine Erhöhung der schwarzen Empfindlichkeit konnte jedoch messtechnisch nicht nachgewiesen werden, was auf die Größe der Stäbchen und die damit verbundene Streuung der Strahlung zurückzuführen ist. Die schlechten Absorptionseigenschaften verhindern daher einen Einsatz als IR-Absorptionsschicht. Damit weniger Strahlung gestreut und mehr absorbiert wird, muss die Größe der Au-Nanostäbchen wesentlich kleiner als die kleinste Wellenlänge der einfallenden Strahlung sein. Unabhängig davon ist die Reproduzierbarkeit der optischen Eigenschaften durch das Auftropfverfahren nur mäßig gut und eine Strukturierung der Schicht nicht möglich. Die Haftfestigkeit ist zwar ausreichend, jedoch darf die Au-Nanostäbchenschicht nicht in Kontakt mit einer Flüssigkeit geraten. Das Prinzip der Strahlungsabsorption durch Anregung von Plasmonenoszillationen kann aber auch in dünnen, nanostrukturierten Metallschichten erfolgen, wie neueste Untersuchungen gezeigt haben [195–197]. Bei entsprechender Strukturierung der

Frontelektrode ließen sich damit die Transmissions- und Reflexionseigenschaften im Infrarotbereich gezielt beeinflussen. Das hätte den Vorteil, dass keine zusätzliche Schicht aufgebracht werden muss.

Als Ergebnis der Untersuchungen lässt sich festhalten, dass die thermische Auflösung ultradünner $LiTaO_3$-Sensoren mit $d_P < 2$ µm gegenwärtig nur mit einer Metall-Schwarzschicht, vorzugsweise auf der Basis von Au, Pt, Bi, oder Pb, erhöht werden kann. Für den Sensor mit der höchsten gemessenen spezifischen Detektivität aus Kapitel 6 könnte durch Aufbringen einer solchen Absorptionsschicht der maximale D^*-Wert von $8 \cdot 10^9$ cm Hz$^{1/2}$ W^{-1} auf etwa $1 \cdot 10^{10}$ cm Hz$^{1/2}$ W^{-1} gesteigert werden.

8 Zusammenfassung und Ausblick

8.1 Zusammenfassung

Die vorliegende Arbeit befasst sich mit der Herstellung höchstauflösender pyroelektrischer Infrarotsensoren auf der Basis von $LiTaO_3$. Durch geeignete Maßnahmen sollten die Reserven für eine maximale Steigerung der thermischen Auflösung ausgeschöpft und das thermische Auflösungsvermögen in den Bereich des theoretischen Maximums, das durch das Strahlungsrauschen gegeben ist, gebracht werden. Dabei standen wegen der vergleichsweise einfachen Herstellung und der großen kommerziellen Anwendung Einelementsensoren mit einer strahlungsempfindlichen Fläche von (1 x 1) mm^2 im Mittelpunkt der Arbeit.

Zunächst wurden die Signalbildung und -wandlung im Sensor betrachtet und Modelle zur Beschreibung der thermischen Verhältnisse für sehr dünne, freitragende Sensorelemente und ihre Umgebung entwickelt. Aus der mathematisch-physikalischen Analyse ergaben sich die folgenden Anforderungen für eine maximale Steigerung der thermischen Auflösung:

- **Verwendung eines extrem rauscharmen Vorverstärkers:**

  Der Vorverstärker ist Bestandteil des Sensors und besteht aus einem Höchstohmwiderstand und einem SFET, der als Impedanzwandler wirkt. Für eine hohe thermische Auflösung müssen das Strom- und Spannungsrauschen des verwendeten SFET sehr gering und der Eingangswiderstand sehr groß sein. Im Rahmen der Arbeit kam der SFET 2SK170 von Toshiba zum Einsatz. Mit einem Spannungsrauschen von 1 $nV\,Hz^{-1/2}$ und einem Stromrauschen von $0,2$ $fA\,Hz^{-1/2}$ werden bei einem Eingangswiderstand von mindestens $5 \cdot 10^{11}$ Ω die Sensorkenngrößen der entwickelten $LiTaO_3$-Sensoren im Frequenzbereich von $(1 \ldots 1000)$ Hz nicht vom Vorverstärker beeinflusst. Es dominieren die Rauschquellen des Sensorchips, was die Verwendung der spezifischen Detektivität als Gütemaß für die thermische Auflösung gestattet.

- **Reduzierung der Sensorelementdicke auf Werte von weniger als** 1 µm **sowie Minimierung der thermischen Verluste durch eine freitragende Konstruktion, die Evakuierung des Sensorgehäuses und das Einbringen eines thermischen Isolationsgrabens:**

  Die geometrisch-konstruktiven Anforderungen wurden durch ein adäquates Sensorchiplayout mit freitragendem Sensorelement umgesetzt, das einen etwa 20 µm dicken Trägerrahmen besitzt und nur lokal im Bereich der strahlungsempfindlichen Fläche abgedünnt ist. Dadurch ist die mechanische Stabilität und Handhabbarkeit des Sensorchips gewährleistet. Ein zweites Sensorchiplayout besitzt zusätzlich einen thermischen Isolationsgraben um das Sensorelement herum. Zur Herstellung der Sensorchips wurde die am IFE bestehende Technologie angepasst und optimiert. Hierbei hat sich gezeigt, dass die minimal realisierbare Sensorelementdicke im Wesentlichen durch die bei der mechanischen Kristallbearbeitung erreichbare Planparallelität des Wafers bestimmt wird. Diese ist in der Wafermitte am besten, so dass bereits beim Maskenentwurf zu berücksichtigen ist, Sensorchips mit großen strahlungsempfindlichen Flächen vorzugsweise in der Wafermitte zu platzieren.

Im Ergebnis der Arbeit entstanden schließlich Sensorchips mit einer minimalen Sensorelementdicke von etwa $0,4\ \mu m$, die eine gute mechanische Stabilität besitzen. Die Ausbeute ist hierbei aber sehr gering, da einerseits nur etwa $1/4$ der Sensorchips auf einem Wafer die notwendige Planparallelität aufweisen und andererseits das Risiko höher ist, dass während der Bearbeitung und beim Ablösen von der Bearbeitungsronde das Sensorelement beschädigt wird. Der zur besseren thermischen Isolation eingebrachte Graben verringert zusätzlich die mechanische Stabilität des Sensorchips und damit nochmals die Ausbeute. Eine akzeptable Ausbeute von etwa 50 % wird hingegen erreicht, wenn die Sensorelementdicke zwischen $0,6\ \mu m$ und $1\ \mu m$ beträgt und kein thermischer Isolationsgraben vorhanden ist.

Viele Anwendungen (z. B. FTIR-Spektrometer, Pyrometer) erfordern Modulationsfrequenzen von 10 Hz und mehr. Da ein thermischer Isolationsgraben eine Erhöhung der thermischen Auflösung nur für Frequenzen unterhalb 10 Hz ermöglicht, ist er für die meisten Anwendungen nicht notwendig. Die Folge sind ein geringerer Herstellungsaufwand und eine höhere Ausbeute als bei Sensoren mit Isolationsgraben. Letztere sind z. B. für IR-Bewegungsmelder interessant, deren typischer Einsatzfrequenzbereich bei $(0,1 \ldots 10)$ Hz liegt.

- **Hohe Werte der Materialkenngrößen des Pyroelektrikums:**

  Das Pyroelektrikum nimmt als eigentliches Wandlerelement im pyroelektrischen Sensor eine zentrale Stellung ein, wodurch bestimmte Materialeigenschaften maßgeblich die Sensorkenngrößen beeinflussen. Diese sind der pyroelektrische Koeffizient, die relative Permittivität, der dielektrische Verlustfaktor und die volumenspezifische Wärmekapazität.

  Das verwendete $LiTaO_3$-Volumenmaterial ermöglicht grundsätzlich das Erreichen der Auflösungsgrenze. Die Untersuchungen der sensorspezifischen Materialeigenschaften von $LiTaO_3$ mit einer Dicke von weniger als $2\ \mu m$ ergaben jedoch, dass dies nur für Modulationsfrequenzen $f < 10$ Hz gilt. Dies ist auf die mit der Reduzierung der Sensorelementdicke verbundene Erhöhung des dielektrischen Verlustfaktors zurückzuführen, der maßgeblich von der Kristallbearbeitung beeinflusst wird. Als Ursache können die vom Ionenbeschuss enstandenen Kristallschäden angesehen werden. Diese wurden durch die verwendeten, sehr geringeren Ionenenergien beim Ionenstrahlätzen weitestgehend minimiert. Erstmalige Untersuchungen an stöchiometrischem $LiTaO_3$ ergaben, dass das bei gewöhnlichen $LiTaO_3$-Einkristallen vorhandene Lithiumdefizit keinen Einfluss auf den dielektrischen Verlustfaktor hat.

Der pyroelektrische Koeffizient und die relative Permittivität des verwendeten $LiTaO_3$ sind hingegen unabhängig von der Schichtdicke. Die volumenspezifische Wärmekapazität konnte aufgrund der für die Messung notwendigen Probengeometrie nicht bestimmt werden. Die Temperaturabhängigkeit der Sensorkenngrößen ist im untersuchten Temperaturbereich von (15 ... 65) °C vernachlässigbar gering, weil sich die niedrigen Temperaturkoeffizienten der einzelnen Materialgrößen zum Teil kompensieren.

- **Maximierung des Absorptionsvermögens durch Aufbringen einer geeigneten Absorptionsschicht:**

  Im technisch interessanten Wellenlängenbereich $\lambda = (2 \ldots 20)$ µm beträgt der Bandabsorptionsgrad des Sensorelementes etwa 0,63 und ist sehr wellenlängenabhängig. Für eine maximale thermische Auflösung muss der Absorptionsgrad des Sensorelementes möglichst nahe Eins sein. Folglich ist der Einsatz einer zusätzlichen Absorptionsschicht notwendig. Von den existierenden technischen Lösungen besitzen aber nur ausgewählte Metall-Schwarzschichten, z. B. auf der Basis von Au, Pt, Bi und Pb, eine ausreichend geringe Wärmekapazität zur Erhöhung der thermischen Auflösung ultradünner $LiTaO_3$-Sensoren mit einer Dicke von weniger als 2 µm.

  Die im Rahmen der Arbeit erstmalig entwickelte und untersuchte NiCr-Absorptionsschicht weist bereits für eine Schichtdicke von ungefähr 1 µm eine hohe und gleichmäßige Absorption bis zu einer Wellenlänge von 15 µm auf. Sie ist mechanisch stabil, feuchtigkeitsbeständig und kann nasschemisch behandelt werden, wodurch sie sich fotolithografisch strukturieren und in den Herstellungsprozess von $LiTaO_3$-Sensoren integrieren lässt. Wegen der hohen volumenspezifischen Wärmekapazität des NiCr wird beim Einsatz der NiCr-Absorptionsschicht in ultradünnen $LiTaO_3$-Sensoren mit einer Dicke von weniger als 2 µm keine Erhöhung der thermischen Auflösung erreicht.

  Ebenfalls erstmalig untersucht wurden die Absorptionseigenschaften von Gold-Nanostäbchen im IR-Bereich und ihre Funktion als IR-Absorptionsschicht. Der physikalische Mechanismus der Strahlungsabsorption ist dabei durch die Anregung von Plasmonenoszillationen gegeben. Durch die Erhöhung des Aspektverhältnisses der Gold-Nanostäbchen konnte die Resonanzwellenlänge, bei der die Absorption erfolgt, bis in den mittleren IR-Bereich geschoben werden. Die Messungen der spektralen Empfindlichkeit an entsprechend beschichteten Sensoren bestätigen des Absorptionsverhalten der Gold-Nanostäbchen. Die Absorption ist jedoch so gering, dass eine Erhöhung der schwarzen Empfindlichkeit messtechnisch nicht nachgewiesen werden konnte. Ursache ist die Größe der Gold-Nanostäbchen. Da ihre Länge nicht wesentlich kleiner als die Wellenlänge der zu absorbierenden Strahlung ist, wird diese mehr gestreut als absorbiert.

Die höchste thermische Auflösung wurde für einen Sensor mit thermischem Isolationsgraben im Vakuum gemessen, der eine Sensorelementdicke von ungefähr 0,6 μm besitzt. Für einen Fenstertransmissionsgrad $\tau_F = 1$ beträgt sie $D^*(500\,\mathrm{K}, 1\,\mathrm{Hz}) = 8 \cdot 10^9\,\mathrm{cm\,Hz^{1/2}\,W^{-1}}$ bei einer Modulationsfrequenz von 1 Hz und stellt nach Literaturrecherche den höchsten Wert für einen pyroelektrischen $LiTaO_3$-Detektor dar, der bislang erreicht wurde. Er entspricht der Hälfte des theoretisch möglichen Maximalwertes bei Raumtemperatur und lässt sich durch den Einsatz einer Metall-Schwarzschicht bis auf etwa $10^{10}\,\mathrm{cm\,Hz^{1/2}\,W^{-1}}$ erhöhen.

8.2 Ausblick

Die thermische Auflösung der in dieser Arbeit hergestellten $LiTaO_3$-Einelementsensoren übertrifft die von kommerziellen TGS-Sensoren. Dadurch werden $LiTaO_3$-Sensoren für Anwendungen attraktiv, in denen ein maximales thermisches Auflösungsvermögen gefordert ist und gegenwärtig ausschließlich TGS-Sensoren eingesetzt werden. Als Beispiel sei hier die Anwendung in FTIR-Spektrometern genannt. Die sehr geringe Temperaturabhängigkeit der Sensorkenngrößen von $LiTaO_3$-Sensoren macht zudem die bei TGS-Sensoren notwendige Temperaturstabilisierung überflüssig.

Für eine industrielle Fertigung nachteilig sind der aufwendige Herstellungsprozess und die geringe Ausbeute von $LiTaO_3$-Sensorchips mit einer Dicke von weniger als 1 μm. Ursache dessen ist in erster Linie die schlechte Planparallelität der $LiTaO_3$-Wafer, die sich nur durch eine Optimierung der mechanischen und chemisch-mechanischen Polierverfahren verbessern lässt. Mögliche Alternativen dazu sind:

- die Realisierung der Abscheidung einkristalliner $LiTaO_3$-Schichten auf einem Substrat, das freitragende Schichten ermöglicht sowie
- die Entwicklung neuer Materialien, die sich als Dünnschicht abscheiden lassen und deren sensorspezifische Materialeigenschaften das Erreichen der Auflösungsgrenze ermöglichen.

Letzteres ist bereits Gegenstand intensiver Forschung (vgl. [50]). Weitere Vorschläge für anschließende Forschungsarbeiten betreffen die Herstellung von IR-Absorptionsschichten, die nicht die Nachteile von Metall-Schwarzschichten besitzen und sich zur Erhöhung der thermischen Auflösung von $LiTaO_3$-Sensoren mit einer Sensorelementdicke von weniger als 1 μm eignen. Mögliche Ansätze hierfür sind:

- die Optimierung der NiCr-Absorptionsschicht durch Variation des Abscheidewinkels während der Bedampfung mit dem Ziel, die gleichen Absorptionseigenschaften bei dünneren Schichtdicken zu erreichen und dadurch die Wärmekapazität zu reduzieren,
- die Entwicklung einer Absorptionsschicht basierend auf der Herstellungstechnologie der nanostrukturierten NiCr-Schicht unter Verwendung eines Materials mit geringerer volumenspezifischer Wärmekapazität als NiCr,

- die Verbesserung der Absorptionseigenschaften der Gold-Nanostäbchen durch die Optimierung ihrer geometrischen Abmessungen und
- die Herstellung dünner, nanostrukturierter Metallschichten mit plasmonisch optimierten Absorptionseigenschaften, die als Frontelektrode genutzt werden können.

Letzteres hat den Vorteil, dass keine zusätzliche Schicht aufgebracht werden muss und ist bereits Gegenstand der Forschung (vgl. [195–197]).

Anhang A: Wärmeleitungsberechnungen

A.1 Wärmeleitung über das umgebende Gas

Die allgemeine Lösung der Wärmeleitungsgleichung (3.10) hat die Form

$$\underline{\Delta\hat{T}}_i(z_i) = A_i \cosh(\mu_i z_i) + B_i \sinh(\mu_i z_i), \tag{A.1}$$

wobei A_i und B_i die aus den Randbedingungen zu bestimmenden Konstanten sind [121, 124]. Unter der Annahme, dass Temperatur- und Wärmeflussübergang an den Grenzflächen kontinuierlich sind, ergeben sich die Randbedingungen für das in **Abb. 3.6** dargestellte Modell zu

$$\underline{\Delta\hat{T}}_{G1}(z_{G1} = 0) = 0, \tag{A.2}$$

$$\underline{\Delta\hat{T}}_{G1}(z_{G1} = d_{G1}) = \underline{\Delta\hat{T}}_P(z_P = 0), \tag{A.3}$$

$$\tau_F \alpha_S \Delta\hat{\Phi}_S - A_D \lambda_{G1} \frac{\mathrm{d}\underline{\Delta\hat{T}}_{G1}(z_{G1} = d_{G1})}{\mathrm{d}z_{G1}} = -A_D \lambda_P \frac{\mathrm{d}\underline{\Delta\hat{T}}_P(z_P = 0)}{\mathrm{d}z_P}, \tag{A.4}$$

$$\underline{\Delta\hat{T}}_P(z_P = d_P) = \underline{\Delta\hat{T}}_{G2}(z_{G2} = 0), \tag{A.5}$$

$$-A_D \lambda_P \frac{\mathrm{d}\underline{\Delta\hat{T}}_P(z_P = d_P)}{\mathrm{d}z_P} = -A_D \lambda_{G2} \frac{\mathrm{d}\underline{\Delta\hat{T}}_{G2}(z_{G2} = 0)}{\mathrm{d}z_{G2}}, \tag{A.6}$$

$$\underline{\Delta\hat{T}}_{G2}(z_{G2} = d_{G2}) = 0. \tag{A.7}$$

Durch Einsetzen von Gl. (A.1) ergibt sich ein Gleichungssystem von sechs linearen Gleichungen mit den sechs unbekannten Konstanten A_i und B_i:

$$A_{G1} = 0, \tag{A.8}$$

$$B_{G1} \sinh(\mu_{G1} d_{G1}) - A_P = 0, \tag{A.9}$$

$$B_{G1} \lambda_{G1} \mu_{G1} \cosh(\mu_{G1} d_{G1}) - B_P \lambda_P \mu_P = \frac{\tau_F \alpha_S \Delta\hat{\Phi}_S}{A_D}, \tag{A.10}$$

$$A_P \cosh(\mu_P d_P) + B_P \sinh(\mu_P d_P) - A_{G2} = 0, \tag{A.11}$$

$$A_P \lambda_P \mu_P \sinh(\mu_P d_P) + B_P \lambda_P \mu_P \cosh(\mu_P d_P) - B_{G2} \lambda_{G2} \mu_{G2} = 0, \tag{A.12}$$

$$A_{G2} \cosh(\mu_{G2} d_{G2}) + B_{G2} \sinh(\mu_{G2} d_{G2}) = 0. \tag{A.13}$$

Die Lösung des Gleichungssystems mit Hilfe des GAUßschen Algorithmus ergibt für die zur Berechnung der Temperaturänderung im Sensorelement notwendigen Konstanten A_P und B_P

$$A_P = \frac{\tau_F \alpha_S \Delta\hat{\Phi}_S}{A_D} A'_P, \tag{A.14}$$

$$B_P = -\frac{\tau_F \alpha_S \Delta\hat{\Phi}_S}{A_D} B'_P \tag{A.15}$$

mit

$$A'_P = \frac{\tanh(\mu_G d_{G1})\,[W_1 + W_2]}{\lambda_G \mu_G\,[W_1 + W_2] + W_3 + W_4}, \tag{A.16}$$

$$B'_P = \frac{\tanh(\mu_G d_{G1})\,[W_1 \coth(\mu_P d_P) + W_2 \tanh(\mu_P d_P)]}{\lambda_G \mu_G\,[W_1 + W_2] + W_3 + W_4}. \tag{A.17}$$

Dabei sind

$$W_1 = \lambda_G \mu_G \cosh(\mu_G d_{G2}) \sinh(\mu_P d_P), \tag{A.18}$$

$$W_2 = \lambda_P \mu_P \sinh(\mu_G d_{G2}) \cosh(\mu_P d_P), \tag{A.19}$$

$$W_3 = \lambda_P^2 \mu_P^2 \sinh(\mu_P d_P) \tanh(\mu_G d_{G1}) \sinh(\mu_G d_{G2}), \tag{A.20}$$

$$W_4 = \lambda_P \mu_P \lambda_G \mu_G \cosh(\mu_P d_P) \tanh(\mu_G d_{G1}) \cosh(\mu_G d_{G2}). \tag{A.21}$$

Weiterhin gilt $\mu_G = \mu_{G1} = \mu_{G2}$ bzw. $\lambda_G = \lambda_{G1} = \lambda_{G2}$, weil davon ausgegangen wird, dass in den Gasschichten G1 und G2 das gleiche Gas vorhanden ist. Die mittlere Temperaturänderung im empfindlichen Element berechnet sich durch Integration über die pyroelektrische Schicht nach Gl. (3.13) und ergibt mit Hilfe von Gl. (3.3) den komplexen thermischen Leitwert durch Wärmeleitung über das umgebende Gas in Gl. (3.14).

A.2 Laterale Wärmeleitung

Die allgemeine Lösung der Wärmeleitungsgleichung (3.15) hat die Form

$$\underline{\Delta \hat{T}}_i(r) = \hat{q}'_{Vi} + C_i I_0(\mu_i r) + D_i K_0(\mu_i r) \tag{A.22}$$

mit I_0 und K_0 als modifizierte Bessel-funktionen 0. Ordnung sowie die aus den Randbedingungen zu bestimmenden Konstanten C_i und D_i [124, 125]. Für das in **Abb. 3.7** dargestellte Modell ergeben sich dabei die Randbedingungen zu

$$\underline{\Delta \hat{T}}_1(r = 0) \text{ ist bestimmt,} \tag{A.23}$$

$$\underline{\Delta \hat{T}}_1(r = r_1) = \underline{\Delta \hat{T}}_2(r = r_1), \tag{A.24}$$

$$-A_q \lambda_1 \frac{\mathrm{d}\underline{\Delta \hat{T}}_1(r = r_1)}{\mathrm{d}r} = -A_q \lambda_2 \frac{\mathrm{d}\underline{\Delta \hat{T}}_2(r = r_1)}{\mathrm{d}r}, \tag{A.25}$$

$$\underline{\Delta \hat{T}}_2(r = r_2) = 0. \tag{A.26}$$

Durch Einsetzen von Gl. (A.22) ergibt sich ein Gleichungssystem von vier linearen Gleichungen mit den vier unbekannten Konstanten C_i und D_i

$$D_1 = 0, \tag{A.27}$$

$$C_1 I_0(\mu_1 r_1) - C_2 I_0(\mu_2 r_1) - D_2 K_0(\mu_2 r_1) = \hat{q}'_{V2} - \hat{q}'_{V1}, \tag{A.28}$$

$$C_1 \lambda_1 \mu_1 I_1(\mu_1 r_1) - C_2 \lambda_2 \mu_2 I_1(\mu_2 r_1) + D_2 \lambda_2 \mu_2 K_1(\mu_2 r_1) = 0, \tag{A.29}$$

$$C_2 I_0(\mu_2 r_2) + D_2 K_0(\mu_2 r_2) = -\hat{q}'_{V2} \tag{A.30}$$

mit

$$\hat{q}'_{Vi} = \frac{\alpha_i \tau_F \Delta\hat{\Phi}_S}{j\omega c'_i d_P A_i}, \tag{A.31}$$

$$A_2 = \frac{\varphi_S (r_2 - r_1)^2}{2}, \tag{A.32}$$

wobei I_1 und K_1 die modifizierten BESSEL-funktionen 1. Ordnung und $\alpha_1 = \alpha_S$, $c'_1 = c'_P$ sowie $A_1 = A_D$ sind. Mit der Annahme $\alpha_2 = 0$, was für ultradünne $LiTaO_3$-Schichten näherungsweise und für den Isolationsgraben uneingeschränkt gilt, folgt $\hat{q}'_{V2} = 0$. Die Lösung dieses Gleichungssystems mit Hilfe des GAUßschen Algorithmus ergibt für die zur Berechnung der Temperaturänderung im Sensorelement notwendigen Konstanten C_1 und D_1

$$C_1 = \hat{q}'_{V1} C'_1, \tag{A.33}$$

$$D_1 = 0 \tag{A.34}$$

mit

$$C'_1 = -\frac{1}{I_0(\mu_1 r_1) - V_1 \frac{\mu_1 r_1}{\mu_2 r_2} I_1(\mu_1 r_1)}, \tag{A.35}$$

$$V_1 = \frac{K_0(\mu_2 r_2) I_0(\mu_2 r_1) - K_0(\mu_2 r_1) I_0(\mu_2 r_2)}{K_0(\mu_2 r_2) I_1(\mu_2 r_1) - K_1(\mu_2 r_1) I_0(\mu_2 r_2)}. \tag{A.36}$$

Zur besseren thermischen Isolation kann sich um das Sensorelement herum ein Isolationsgraben befinden. Dies ist im Bereich 2 der **Abb. 3.7** dargestellt. In diesem Fall erfolgt die laterale Wärmeleitung im Isolationsgraben über das umgebende Gas (Index G). Unter der Annahme, dass Temperatur- und Wärmeflussübergang an den Grenzflächen kontinuierlich sind, ergeben sich zwei Konstanten C'_{1_x} mit $x \in \{\text{Steg, Gas}\}$

$$C'_{1_{Steg}} = C'_1(\mu_1 = \mu_2 = \mu_P,\ \lambda_1 = \lambda_2 = \lambda_P), \tag{A.37}$$

$$C'_{1_{Gas}} = C'_1(\mu_1 = \mu_P,\ \mu_2 = \mu_G,\ \lambda_1 = \lambda_P,\ \lambda_2 = \lambda_G) \tag{A.38}$$

und es lässt sich die mittlere Temperaturänderung im Sensorelement nach Gl. (3.17) berechnen. Unter Zuhilfenahme von Gl. (3.3) ergibt sich daraus der komplexe thermische Leitwert durch Wärmeleitung im pyroelektrischen Material in Gl. (3.20).

A.3 Thermischer Leitwert der Sensorelektroden

Im Folgenden wird der thermische Leitwert der Sensorelektroden abgeschätzt und mit dem Strahlungsleitwert verglichen. Für einen Block der Länge l, der Querschnittsfläche A_q und der Wärmeleitfähigkeit λ_{th} ergibt sich ein Wärmeleitwert G_{th}

$$G_{th} = \frac{\lambda_{th} A_q}{l}. \tag{A.39}$$

Beim Standardsensorlayout haben Front- und Rückelektrode außerhalb des strahlungsempfindlichen Bereiches die gleiche Breite wie das Sensorelement (vgl. **Abb. 4.1a**). Für eine typische Detektorfläche von (1 x 1) mm² sind demnach die Elektroden 1 mm breit. Die Frontelektrode (FE) hat eine typische Dicke von 7 nm und die Rückelektrode (RE) von 25 nm. Damit ergibt sich für deren Querschnittsflächen

$$A_{q-FE} = 1 \text{ mm} \cdot 7 \text{ nm} = 7 \cdot 10^{-12} \text{ m}^2, \tag{A.40}$$

$$A_{q-RE} = 1 \text{ mm} \cdot 25 \text{ nm} = 2,5 \cdot 10^{-11} \text{ m}^2. \tag{A.41}$$

Die Kontaktierung der Elektroden erfolgt am Rand des Sensorchips. Für eine Chipgröße von (3 x 3) mm² beträgt somit die Länge vom Rand der Detektorfläche bis zum Chiprand $l = 1$ mm. Die Elektroden bestehen aus einer Nickel-Chrom-Legierung mit einer Wärmeleitfähigkeit λ_{NiCr} von [198]

$$\lambda_{NiCr} = 13,4 \text{ W m}^{-1} \text{ K}^{-1}. \tag{A.42}$$

Damit ergeben sich die thermischen Leitwerte G_{FE} und G_{RE} der Sensorelektroden zu

$$G_{FE} = 9,38 \cdot 10^{-8} \text{ W K}^{-1}, \tag{A.43}$$

$$G_{RE} = 3,35 \cdot 10^{-7} \text{ W K}^{-1}. \tag{A.44}$$

Für die gleiche Anordnung berechnet sich der thermische Leitwert G_S durch Strahlung aus Gl. (3.9) mit $T = 300$ K und $\epsilon_S = 1$ zu

$$G_S = 6,12 \cdot 10^{-6} \text{ W K}^{-1}. \tag{A.45}$$

Folglich kann der thermische Leitwert der Sensorelektroden vernachlässigt werden.

Außerhalb des strahlungsempfindlichen Bereiches sind die Elektroden mit einer 40 nm dicken Goldschicht verstärkt. Aufgrund der hohen Wärmeleitfähigkeit λ_{Au} von Gold ($\lambda_{Au} = 320 \text{ W m}^{-1} \text{ K}^{-1}$) ergibt sich für die thermischen Leitwerte G_{FEV} und G_{REV} der Front- bzw. Rückelektrodenverstärkung

$$G_{FEV} = G_{REV} = 1,28 \cdot 10^{-5} \text{ W K}^{-1}. \tag{A.46}$$

Für sehr dünne Sensorelemente ($d_P < 2$ µm) im Vakuum kann die Wärmeabfuhr über die Elektrodenverstärkung folglich nicht mehr vernachlässigt werden. Dies wird erst durch eine Verringerung der Elektrodenbreite außerhalb des strahlungsempfindlichen Bereiches, wie z. B. beim Sensorlayout 2 mit Isolationsgraben, auf etwa 1/5 der Sensorelementbreite möglich. Dann sind G_{FEV} und G_{REV} deutlich kleiner als G_S.

Anhang B: Materialdaten und Parameter für die Sensorsimulation

Materialdaten:

Die nachfolgende Übersicht fasst die Herstellerangaben der Materialdaten des verwendeten Lithiumtantalat-Volumenmaterials zusammen, die auch für die Simulationen benutzt wurden. Entsprechend Gl. (3.62) ergibt sich bei einem mittleren $\tan\delta$-Wert von $1,5 \cdot 10^{-4}$ für die Materialkenngröße M_D ein Wert von $7,1 \cdot 10^{-8}$ C cm J^{-1}.

Parameter	Wert
[Li]/[Li+Ta] in %	48,5
T_C in °C	603,5
ϱ_P in g cm^{-3}	7,465
c'_P in J cm^{-3} K^{-1}	3,09
λ_P in W m^{-1} K^{-1}	4,04
a_P in mm^2 s^{-1}	1,31
p in nC cm^{-2} K^{-1}	17,9
ε_P	43,4
ρ_P in Ω m	$1 \cdot 10^{13}$
$\tan\delta$(1 kHz)	$1 \ldots 2 \cdot 10^{-4}$

Vorverstärkerdaten:

Der verwendete Vorverstärker besteht aus dem SFET 2SK170 von Toshiba und einem Höchstohmwiderstand. Die nachfolgende Übersicht fasst die in den Simulationen verwendeten Vorverstärkerdaten zusammen.

Parameter	Wert
R_{eV} in GΩ	500
C_{eV} in pF	30
v	1,0
$\tilde{i}_{RnI}$(10 Hz) in fA Hz$^{-1/2}$	0,2
$\tilde{u}_{RnU}$(1 kHz) in nV Hz$^{-1/2}$	1,0

Sonstige Sensorparameter:

Parameter	Wert
T in °C	300
α_S	0,63
τ_F	1,0
λ_G in $\mathrm{W\,m^{-1}\,K^{-1}}$	0,026
c'_G in $\mathrm{J\,cm^{-3}\,K^{-1}}$	0,0012
a_G in $\mathrm{mm^2\,s^{-1}}$	21,9
d_{G1} in mm	1,0
d_{G2} in mm	0,4
d_P in µm	0,01…10
r_1 in mm	0,25…2
r_2 in mm	$0{,}5 + r_1$

Literaturverzeichnis

[1] Walther, L.; Gerber, D.: *Infrarotmesstechnik.* Berlin: Verlag Technik, 1981

[2] Engel, F.: Temperaturmessungen mit Strahlungspyrometer. In: *Reihe Automatisierungstechnik* Bd. 157. Berlin: Verl. Technik, 1974

[3] Ryser, P.: Optical systems for security engineering. In: *Opt. Eng.* 34 (1995), Nr. 9, S. 2670–2674

[4] Han, J.; Bhanu, B.: Human activity recognition in thermal infrared imagery. In: *IEEE Computer Society Conference on Computer Vision and Pattern Recognition*, 2005, S. 17–17

[5] Norkus, V.; Hofmann, G.; Schiewe, C.: Uncooled multispectral detectors and their applications. In: *Proc. SPIE* Bd. 2894, 1996, S. 150–158

[6] Maldague, X. P. V.: *Theory and practice of infrared technology for nondestructive testing.* New York: John Wiley & Sons, 2001

[7] Winsor, T.; Winsor, D.: The noninvasive laboratory - history and future of thermography. In: *Angiology* 36 (1985), Nr. 6, S. 341–353

[8] Rogalski, A.: HgCdTe infrared detector material: history, status and outlook. In: *Rep. Prog. Phys.* 68 (2005), S. 2267–2336

[9] Camargo, E. G.; Ueno, K.; Kawakami, Y.; Moriyasu, Y.; Nagase, K.; Satou, M.; Endo, H.; Ishibashi, K.; Kuze, N.: Miniaturized InSb photovoltaic infrared sensor operating at room temperature. In: *Opt. Eng.* 47 (2008), S. 014402

[10] Richards, A. A.: Emerging applications for high-performance near-infrared imagers. In: *Proc. SPIE* Bd. 4710, 2002, S. 450–455

[11] Richards, P. L.: Bolometers for infrared and millimeter waves. In: *J. Appl. Phys.* 76 (1994), Nr. 1, S. 1–24

[12] Graf, A.; Arndt, M.; Sauer, M.; Gerlach, G.: Review of micromachined thermopiles for infrared detection. In: *Meas. Sci. Technol.* 18 (2007), S. R59–R75

[13] Elbel, T.: *Mikrosensorik.* Wiesbaden: Verlag Vieweg, 1996

[14] Lenggenhager, R.; Baltes, H.; Elbel, T.: Thermoelectric infrared sensors in CMOS technology. In: *Sens. Actuators A* 37 (1993), S. 216–220

[15] Elbel, T.; Poser, S.; Fischer, H.: Thermoelectric radiation microsensors. In: *Sens. Actuators A* 42 (1994), Nr. 1-3, S. 493–496

[16] Elbel, T.; Lenggenhager, R.; Baltes, H.: Model of thermoelectric radiation sensors made by CMOS and micromachining. In: *Sens. Actuators A* 35 (1992), Nr. 2, S. 101 – 106

[17] Yamashita, K.; Murata, A.; Okuyama, M.: Miniaturized infrared sensor using silicon diaphragm based on Golay cell. In: *Sens. Actuators A* 66 (1998), Nr. 1-3, S. 29–32

[18] Porter, S. G.: A brief guide to pyroelectric detectors. In: *Ferroelectrics* 33 (1981), Nr. 1, S. 193–206

[19] Keller, H. J.: 30 years of passive infrared motion detectors - a technology review. In: *Proc. OPTO/IRS², 6th International Conference and Exhibition on Infrared Sensors and Systems*, 2000, S. 19–24

[20] Hofmann, G.: *Pyroelektrische Strahlungssensoren*, Technische Universität Dresden, Dissertation, 1983

[21] Neumann, N.: *Pyroelektrische Strahlungssensoren auf der Basis von modifiziertem Triglycinsulfat*, Technische Universität Dresden, Dissertation, 1991

[22] Sokoll, T.: *Hochauflösende pyroelektrische Zeilensensoren auf der Basis von Lithiumtantalat*, Technische Universität Dresden, Dissertation, 1999

[23] Querner, Y.: *Absorptionsschichten für pyroelektrische Infrarotsensoren*, Technische Universität Dresden, Diplomarbeit, 2008

[24] Möhling, S.: *Pyroelektrische Hochdetektivitätssensoren auf der Basis von* $LiTaO_3$, Technische Universität Dresden, Dissertation, 1994

[25] Lang, S. B.: *Sourcebook of pyroelectricity*. London: Gordon and Breach Science Publishers, 1974

[26] Lang, S. B.: Pyroelectricity: from ancient curiosity to modern imaging tool. In: *Phys. Today* 58 (2005), Nr. 8, S. 31–36

[27] Ta, Y.: Action of radiation on pyroelectric crystals. In: *Compt. Rend. Acad. Sci.* 207 (1938), S. 1042

[28] Cooper, J.: Minimum detectable power of a pyroelectric thermal receiver. In: *R. Sci. Instr.* 33 (1962), S. 92–95

[29] Cooper, J.: A fast-response pyroelectric thermal detector. In: *J. Sci. Instr.* 39 (1962), S. 467–472

[30] LANG, S. B.: Use of pyroelectric devices for measuring small temperature changes. In: *Temperature: its measurement and control in science and industry* Bd. 3, Teil 2. New York: Reinhold Publishing Corporation, 1962, S. 1015–1023

[31] BEERMAN, H. P.: Improvement in the pyroelectric infrared radiation detector. In: *Ferroelectrics* 2 (1971), Nr. 1, S. 123–128

[32] LI, S.-C.: The optimum of a thin pyroelectric film on a substrate. In: *Ferroelectrics* 46 (1981), Nr. 1, S. 209–215

[33] LIU, S. T.: Critical assessment of pyroelectric detectors. In: *Ferroelectrics* 10 (1976), Nr. 1, S. 83–89

[34] LUDLOW, J. H.; MITCHELL, W. H.; PUTLEY, E. H.; SHAW, N.: Infra-red radiation detection by the pyroelectric effect. In: *J. Sci. Instr.* 44 (1967), S. 694–696

[35] PUTLEY, E. H.: The possibility of background limited pyroelectric detectors. In: *Infrared Phys.* 20 (1980), S. 149–156

[36] PUTLEY, E. H.: The pyroelectric detector. In: *Semiconductors and Semimetals* Bd. 5, New York: Academic Press, 1970, S. 259–285

[37] PUTLEY, E. H.: A method for evaluating the performance of pyroelectric detectors. In: *Infrared Phys.* 20 (1980), Nr. 3, S. 139–147

[38] PUTLEY, E. H.: Radiation shielding for uncooled detectors. In: *Infrared Phys.* 21 (1981), S. 173–179

[39] VAN DER ZIEL, A.: Noise sources in pyroelectric radiation detectors. In: *Physica* 61 (1972), S. 589–593

[40] VAN DER ZIEL, A.: Pyroelectric response and D^* of thin pyroelectric films on a substrate. In: *J. Appl. Phys.* 44 (1973), S. 546–549

[41] VAN DER ZIEL, A.; VAN VLIET, K. M.: Temperature fluctuation noise in thin pyroelectric films. In: *Ferroelectrics* 28 (1980), Nr. 1, S. 365–368

[42] BYER, R. L.; ROUNDY, C. B.: Pyroelectric coefficient direct measurement technique and application to a nsec response time detector. In: *Ferroelectrics* 3 (1972), Nr. 1, S. 333–338

[43] GLASS, A. M.: Dielectric, thermal, and pyroelectric properties of ferroelectric $LiTaO_3$. In: *Phys. Rev.* 172 (1968), Nr. 2, S. 564–571

[44] LINES, M. E.; GLASS, A. M.: *Principles and applications of ferroelectrics and related materials.* Oxford: Clarendon Press, 1977. – S. 559 ff.

[45] Putley, E. H.: The applications of pyroelectric devices. In: *Ferroelectrics* 33 (1981), Nr. 1, S. 207–216

[46] Roundy, C. B.; Byer, R. L.: Subnanosecond pyroelectric detector. In: *Appl. Phys. Lett.* 21 (1972), S. 512

[47] Hossain, A.; Rashid, M. H.: Pyroelectric detectors and their applications. In: *IEEE Trans. Ind. Appl.* 27 (1991), Nr. 5, S. 824–829

[48] Whatmore, R. W.: Pyroelectric devices and materials. In: *Rep. Prog. Phys.* 49 (1986), S. 1335–1386

[49] Muralt, P.: Micromachined infrared detectors based on pyroelectric thin films. In: *Rep. Prog. Phys.* 64 (2001), S. 1339–1388

[50] Shaw, C. P.; Whatmore, R. W.; Alcock, J. R.: Porous, functionally gradient pyroelectric materials. In: *J. Am. Ceram. Soc.* 90 (2007), Nr. 1, S. 137–142

[51] Srinivasan, M. R.: Pyroelectric materials. In: *Bull. Mater. Sci* 6 (1984), Nr. 2, S. 317–325

[52] SELEX Sensors and Airborne Systems Limited (Hrsg.): *Pyroelectric DLATGS infrared detectors for instrumentation.* PO Box 217, Millbrook Industrial Estate, Southampton, Hampshire, SO15 0EG, United Kingdom: SELEX Sensors and Airborne Systems Limited

[53] SensArray Infrared Corp. (Hrsg.): *PY55CM series DLATGS pyroelectric detectors.* 3 Ray Avenue, Burlington MA 01803, USA: SensArray Infrared Corp.

[54] Whatmore, R. W.; Watton, R.; Capper, P. (Hrsg.); Elliott, C. T. (Hrsg.): *Infrared detectors and emitters: materials and devices.* Boston: Kluwer Academic Publishers, 2001. – S. 99–148

[55] DIAS Infrared GmbH (Hrsg.): *Pyroelektrischer Infrarot-Einelementsensor für Messtechnik-Applikationen.* Gostritzer Straße 65, 01217 Dresden: DIAS Infrared GmbH

[56] InfraTec GmbH (Hrsg.): *Standard detector LME-302.* Gostritzer Straße 61-63, 01217 Dresden, Germany: InfraTec GmbH

[57] SensArray Infrared Corp. (Hrsg.): *PY45 series lithium tantalate pyroelectric detectors.* 3 Ray Avenue, Burlington MA 01803, USA: SensArray Infrared Corp.

[58] Norkus, V.: *Persönliche Mitteilungen*

[59] Köhler, R.; Padmini, P.; Gerlach, G.; Hofmann, G.; Bruchhaus, R.: Pyroelectric IR-detector arrays based on sputtered PZT and spin-coated P(VDF/TrFE) thin films. In: *Integr. Ferroelectr.* 22 (1998), Nr. 1, S. 383–392

[60] Pyreos Ltd. (Hrsg.): *Pyroelectric single element detector PY-FTIR.* SMC, West Mains Road, Edinburgh EH9 3JF, UK: Pyreos Ltd.

[61] Bruchhaus, R.; Pitzer, D.; Schreiter, M.; Wersing, W.: Optimized PZT thin films for pyroelectric IR detector arrays. In: *J. Electroceram.* 3 (1999), Nr. 2, S. 151–162

[62] Bruchhaus, R.; Pitzer, D.; Primig, R.; Wersing, W.; Xu, Y.: Deposition of self-polarized PZT films by planar multi-target sputtering. In: *Integr. Ferroelectr.* 14 (1997), Nr. 1, S. 141–149

[63] Köhler, R.; Gerlach, G.; Schreiter, M.; Pitzer, D.; Winkler, B.; Hofmann, G.: PZT-Dünnschichten in Sensorarrays für den Einsatz in Präsenzdetektoren. In: Gerlach, G. (Hrsg.): *Fortschritte der Infrarot-Messtechnik* Bd. 15. Dresden: w.e.b. Universitätsverlag, 2001, S. 67–71

[64] Norkus, V.; Gerlach, G.; Hofmann, G.: Process technologies for high-resolution infrared detectors based on $LiTaO_3$. In: *Proc. SPIE* Bd. 3892, 1999, S. 233–240

[65] Roundy, C. B.; Byer, R. L.: Sensitive $LiTaO_3$ pyroelectric detector. In: *J. Appl. Phys.* 44 (1973), S. 929

[66] Norkus, V.; Hofmann, G.; Moehling, S.; Budzier, H.: Pyroelectric IR single-element detectors and arrays based on $LiNbO_3$ and $LiTaO_3$. In: *Proc. SPIE* Bd. 1685, 1992, S. 155–163

[67] Stokowski, S. E.; Venables, J. D.; Byer, N. E.; Ensign, T. C.: Ion-beam milled, high-detectivity pyroelectric detectors. In: *Infrared Phys.* 16 (1976), S. 331–334

[68] Stokowski, S. E.; Byer, N. E.: Temperature noise-limited pyroelectric detectors. In: *International Electron Devices Meeting* Bd. 22, 1976, S. 555–558

[69] Gahagan, K. T.; Gopalan, V.; Robinson, J. M.; Jia, Q. X.; Mitchell, T. E.; Kawas, M. J.; Schlesinger, T. E.; Stancil, D. D.: Integrated electro-optic lens/scanner in a $LiTaO_3$ single crystal. In: *Appl. Opt.* 38 (1999), S. 1186–1190

[70] Combette, P.; Nougaret, L.; Giani, A.; Pascal-Delannoy, F.: RF magnetron-sputtering deposition of pyroelectric lithium tantalate thin films on ruthenium dioxide. In: *J. Cryst. Growth* 304 (2007), Nr. 1, S. 90–96

[71] Gitmans, F.; Sitar, Z.; Günter, P.: Growth of tantalum oxide and lithium tantalate thin films by molecular beam epitaxy. In: *Vacuum* 46 (1995), Nr. 8-10, S. 939–942

[72] Agostinelli, J. A.; Braunstein, G. H.; Blanton, T. N.: Epitaxial $LiTaO_3$ thin films by pulsed laser deposition. In: *Appl. Phys. Lett.* 63 (1993), S. 123–125

[73] Kao, M.-C.; Lee, M.-S.; Wang, C.-M; Chen, H.-Z.; Chen, Y.-C.: Properties of $LiTaO_3$ thin films derived by a diol-based sol-gel process. In: *Jpn. J. Appl. Phys* 41 (2002), S. 2982–2986

[74] Wernberg, A. A.; Braunstein, G. H.; Gysling, H. J.: Improved solid phase epitaxial growth of lithium tantalate thin films on sapphire, using a two-step metalorganic chemical-vapor deposition process. In: *Appl. Phys. Lett.* 63 (1993), S. 2649–2651

[75] Kohli, C. H.; Schmid, P. E.; Lévy, F.: Electrical and pyroelectric properties of lithium tantalate thin films. In: *Ferroelectrics* 209 (1998), Nr. 1, S. 471–482

[76] Blevin, W. R.; Geist, J.: Influence of black coatings on pyroelectric detectors. In: *Appl. Opt.* 13 (1974), Nr. 5, S. 1171–1178

[77] Bauer, S.: Optical properties of a metal film and its application as an infrared absorber and as a beam splitter. In: *Am. J. Phys.* 60 (1992), S. 257–261

[78] Lienhard, D.; Heepmann, F.; Ploss, B.: Thin nickel films as absorbers in pyroelectric sensor arrays. In: *Microelectron. Eng.* 29 (1995), Nr. 1-4, S. 101–104

[79] Hadni, A.; Gerbaux, X.: Infrared and millimeter wave absorber structures for thermal detectors. In: *Infrared Phys.* 30 (1990), S. 465–478

[80] Parsons, A. D.; Pedder, D. J.: Thin-film infrared absorber structures for advanced thermal detectors. In: *J. Vac. Sci. Technol. A: Vacuum, Surfaces, and Films* 6 (1988), S. 1686

[81] Harris, L.: *The optical properties of metal blacks and carbon blacks.* Massachusetts Institute of Technology, 1967

[82] Plotz, F.; Schieferdecker, J.; Holzenkämpfer, E.; Quad, R.: *Thermischer Sensor mit Absorberschicht.* Offenlegungsschrift DE 4221037 A1, 1992

[83] Theocharous, E.; Deshpande, R.; Dillon, A. C.; Lehman, J.: Evaluation of a pyroelectric detector with a carbon multiwalled nanotube black coating in the infrared. In: *Appl. Opt.* 45 (2006), Nr. 6, S. 1093–1097

[84] Theocharous, E.; Engtrakul, C.; Dillon, A. C.; Lehman, J.: Infrared responsivity of a pyroelectric detector with a single-wall carbon nanotube coating. In: *Appl. Opt.* 47 (2008), Nr. 22, S. 3999–4003

[85] THEOCHAROUS, E.; LEHMAN, J.: The evaluation of a pyroelectric detector with a sprayed carbon multi-wall nanotube black coating in the infrared. In: *Infrared Phys. Technol.*

[86] MURMANN, H.: Untersuchungen über die Durchlässigkeit dünner Metallschichten für langwellige ultrarote Strahlung und ihre elektrische Leitfähigkeit. In: *Z. Phys. A: Hadrons and Nuclei* 54 (1929), Nr. 11, S. 741–760

[87] WOLTERSDORFF, W.: Über die optischen Konstanten dünner Metallschichten im langwelligen Ultrarot. In: *Z. Phys. A: Hadrons and Nuclei* 91 (1934), Nr. 3, S. 230–252

[88] BARNES, R. B.; CZERNY, M.: Concerning the reflection power of metals in thin layers for the infrared. In: *Phys. Rev.* 38 (1931), Nr. 2, S. 338–345

[89] GOLAY, Marcel J. E.: A pneumatic infra-red detector. In: *Rev. Sci. Instr.* 18 (1947), Nr. 5, S. 357–362

[90] LIDDIARD, K. C.: Thin-film resistance bolometer IR detectors. In: *Infrared Phys.* 24 (1984), S. 57–64

[91] HILSUM, C.: Infrared absorption of thin metal films. In: *J. Opt. Soc. Am.* 44 (1954), S. 188–191

[92] SILBERG, P. A.: Infrared absorption of three-layer films. In: *J. Opt. Soc. Am.* 47 (1957), Nr. 7, S. 575–578

[93] HEAVENS, O. S.: Optical properties of thin films. In: *Rep. Prog. Phys.* 23 (1960), S. 1–65

[94] BAUER, S.; BAUER-GOGONEA, S.; BECKER, W.; FETTIG, R.; PLOSS, B.; RUPPEL, W.; VON MÜNCH, W.: Thin metal films as absorbers for infrared sensors. In: *Sens. Actuators A* 37 (1993), S. 497–501

[95] BARKER JR., A. S.; BALLMAN, A. A.; DITZENBERGER, J. A.: Infrared study of the lattice vibrations in $LiTaO_3$. In: *Phys. Rev. B* 2 (1970), Nr. 10, S. 4233–4239

[96] ZSCHEYGE, W.: *Untersuchungen zur Optimierung des Absorptionsverhaltens pyroelektrischer Sensoren für den Einsatz in Infrarotstrahlungsempfängern*, Martin-Luther-Universität Halle-Wittenberg, Dissertation, 1984

[97] THELEN, A.: *Design of optical interference coatings*. New York: McGraw-Hill, 1989

[98] BERNING, P. H.: Use of equivalent films in the design of infrared multilayer antireflection coatings. In: *J. Opt. Soc. Am.* 52 (1962), Nr. 4, S. 431–435

[99] Li, L.; Dobrowolski, J. A.; Sankey, J. D.; Wimperis, J. R.: Antireflection coatings for both visible and far-infrared spectral regions. In: *Appl. Opt.* 31 (1992), Nr. 28, S. 6150–6156

[100] Shao, J.; Dobrowolski, J. A.: Multilayer interference filters for the far-infrared and submillimeter regions. In: *Appl. Opt.* 32 (1993), Nr. 13, S. 2361–2370

[101] Kumar, S.: Near-infrared bandpass filters from Si/SiO 2 multilayer coatings. In: *Opt. Eng.* 38 (1999), Nr. 2, S. 368–380

[102] Suchaneck, G.; Norkus, V.; Gerlach, G.: Improving responsivity of uncooled IR sensor arrays by optimized antireflective coatings. In: *Proc. OPTO/IRS^2, 6th International Conference and Exhibition on Infrared Sensors and Systems*, 2000, S. 139–142

[103] Thompson, M. P.; Troxell, J. R.; Murray, M. E.; Thrush, C. M.; Mantese, J. V.: Infrared absorber for pyroelectric detectors. In: *J. Vac. Sci. Technol. A* 25 (2007), Nr. 3, S. 437–440

[104] Pfund, A. H.: Bismuth black and its applications. In: *Rev. Sci. Instr.* 1 (1930), S. 397–399

[105] Pfund, A. H.: Optical properties of metallic and crystalline powders. In: *J. Opt. Soc. Am.* 23 (1933), Nr. 10, S. 375–378

[106] Becker, W.; Fettig, R.; Ruppel, W.: Optical and electrical properties of black gold layers in the far infrared. In: *Infrared Phys. Technol.* 40 (1999), Nr. 6, S. 431–445

[107] Lang, W.; Kühl, K.; Sandmaier, H.: Absorbing layers for thermal infrared detectors. In: *Sens. Actuators A* 34 (1992), Nr. 3, S. 243–248

[108] Marrese, C. A.: Preparation of strongly adherent platinum black coatings. In: *Anal. Chem.* 59 (1987), Nr. 1, S. 217–218

[109] Betts, D. B.; Clarke, F. J. J.; Cox, L. J.; Larkin, J. A.: Infrared reflection properties of five types of black coating for radiometric detectors. In: *J. Phys. E: Sci. Instr.* 18 (1985), S. 689–696

[110] Advena, D. J.; Bly, V. T.; Cox, J. T.: Deposition and characterization of far-infrared absorbing gold black films. In: *Appl. Opt.* 32 (1993), Nr. 7, S. 1136–1144

[111] Nelms, N.; Dowson, J.: Goldblack coating for thermal infrared detectors. In: *Sens. Actuators A* 120 (2005), Nr. 2, S. 403–407

[112] LEHMAN, J.; THEOCHAROUS, E.; EPPELDAUER, G.; PANNELL, C.: Gold-black coatings for freestanding pyroelectric detectors. In: *Meas. Sci. Technol.* 14 (2003), S. 916–922

[113] WANG, C.-M.; CHEN, Y.-C.; LEE, M.-S.; CHEN, K.-J.: Microstructure and absorption property of silver-black coatings. In: *Jpn. J. Appl. Phys* 39 (2000), S. 551–554

[114] YANG, Z. P.; CI, L.; BUR, J. A.; LIN, S. Y.; AJAYAN, P. M.: Experimental observation of an extremely dark material made by a low-density nanotube array. In: *Nano Lett.* 8 (2008), Nr. 2, S. 446–451

[115] LEHMAN, J. H.; ENGTRAKUL, C.; GENNETT, T.; DILLON, A. C.: Single-wall carbon nanotube coating on a pyroelectric detector. In: *Appl. Opt.* 44 (2005), Nr. 4, S. 483–488

[116] LEHMAN, J. H.; DESHPANDE, R.; RICE, P.; TO, B.; DILLON, A. C.: Carbon multi-walled nanotubes grown by HWCVD on a pyroelectric detector. In: *Infrared Phys. Technol.* 47 (2006), Nr. 3, S. 246–250

[117] KOEPERNIK, J.: *Systemkomponenten von Infrarot-Wärmebildgeräten*, Technische Universität Dresden, Dissertation, 1996

[118] NEUMANN, N.; SÄNZE, H.; HEINZE, M.: Pyroelektrische Detektoren mit integriertem Operationsverstärker für hohe Modulationsfrequenzen. In: *Tech. Mess.* 73 (2006), Nr. 2, S. 85–89

[119] ISRAEL, H.: *Messen und Orten mit Infrarot.* München: Franzis-Verlag GmbH, 1988

[120] WALLRABE, A.: *Nachtsichttechnik.* Braunschweig: Verlag Vieweg, 2001

[121] LOGAN, R.; MOORE, K.: Calculation of temperature distribution and temperature noise in a pyroelectric detector - I. gas-filled tube. In: *Infrared Phys.* 13 (1973), S. 37–47

[122] ELBEL, T.: Miniaturized thermoelectric radiation sensor. In: *Sensors Mater.* 3 (1991), Nr. 2, S. 97–109

[123] ELBEL, T.: Miniaturized thermoelectric radiation sensors covering a wide range with respect to sensitivity or time constant. In: *Sens. Actuators A* 27 (1991), Nr. 1-3, S. 653–656

[124] CARLSLAW, H. S.; JAEGER, J. C.: *Conduction of heat in solids.* 2. Aufl. New York: Oxford University Press, 2000

[125] LOGAN, R.: Calculation of temperature distribution and temperature noise in a pyroelectric detector - II. evacuated tube. In: *Infrared Phys.* 13 (1973), S. 91–98

[126] NORKUS, V.; CHVEDOV, D.; GERLACH, G.; KÖHLER, R.: Performance improvements for pyroelectric infrared detectors. In: *Proc. SPIE* Bd. 6206, 2006, S. 62062X

[127] NEUMANN, N.; MÖHLING, S.: The influence of heat exchange between a sensitive element and its surroundings on the specific detectivity of pyroelectric detectors. In: *Infrared Phys.* 34 (1993), Nr. 5, S. 487–499

[128] XU, Y.: *Ferroelectric materials and their applications.* Amsterdam: North-Holland, 1991

[129] HOLEMAN, B.: Sinusoidally modulated heat flow and the pyroelectric effect. In: *Infrared Phys.* 12 (1972), S. 125–135

[130] SMITH, R. A.; JONES, F. E.; CHASMAR, R. P.; SINGER, S. F.: *The detection and measurement of infrared radiation.* Oxford: Clarendon Press, 1958

[131] BACH, H.-G.: Optische Empfänger. In: VOGES, E. (Hrsg.); PETERMANN, K. (Hrsg.): *Optische Kommunikationstechnik: Handbuch für Wissenschaft und Industrie.* Berlin: Springer-Verlag, 2002, S. 784 ff.

[132] CANIOU, J.: *Passive infrared detection: theory and applications.* Boston: Kluwer Academic Publishers, 1999

[133] VISHAY SILICONIX: *Low-noise JFETs - superior performance to bipolars.* Application notes AN106, 1997

[134] SHVEDOV, D.: *Beschleunigungsempfindlichkeit pyroelektrischer Sensoren*, Technische Universität Dresden, Dissertation, 2007

[135] WHATMORE, R. W.; OSBOND, P. C.; SHORROCKS, N. M.: Ferroelectric materials for thermal IR detectors. In: *Ferroelectrics* 76 (1987), Nr. 1, S. 351–367

[136] PLOSS, B.; BAUER, S.: Characterization of materials for integrated pyroelectric sensors. In: *Sens. Actuators A* 26 (1991), Nr. 1-3, S. 407–411

[137] STAHL, K.; MIOSGA, G.: *Infrarottechnik.* 2. Auflage. Heidelberg: Hüthig Verlag, 1986

[138] DOUKHAN, J. C.; CORDIER, P.; DOUKHAN, N.; FRAGNEAU, M.; AUBRY, J. P.: Lattice defects in lithium tantalate. In: *Proc. 43rd Annual Symposium on Frequency Control*, 1989, S. 497–508

[139] THIERSCH, H.-U.: *Pyroelektrische Einelement- und Zeilensensorchips auf der Basis von modifiziertem TGS für IR-Hybridsensoren*, Technische Universität Dresden, Dissertation, 1992

[140] NORKUS, V.: Pyroelektrische Infrarotsensoren auf der Basis von Lithiumtantalat: Stand und Perspektiven. In: GERLACH, G. (Hrsg.): *Fortschritte der Infrarot-Messtechnik* Bd. 15. Dresden: w.e.b. Universitätsverlag, 2001, S. 55–66

[141] LINES, M. E.; GLASS, A. M.: Primary pyroelectric effect in $LiTaO_3$. In: *Phys. Rev. Lett.* 39 (1977), Nr. 21, S. 1362–1365

[142] JOSHI, J. C.; DAWAR, A. L.: Pyroelectric materials, their properties and applications. In: *phys. stat. sol. (a)* 70 (1982), S. 353–369

[143] PING, S. S.; LIN, L. H.: Dielectric and pyroelectric properties of $LiTaO_3$ single crystals. In: *Ferroelectrics* 38 (1981), S. 821–823

[144] CHEN, H.; LÜ, T.; CAO, W.: Influence of imperfect surface layers on dielectric and pyroelectric properties of ferroelectric thin film. In: *Physica B* 373 (2006), S. 177–181

[145] GMELIN, E.: Modern low-temperature calorimetry. In: *Thermochimica Acta* 29 (1979), Nr. 1, S. 1–39

[146] LANG, S. B.: Theoretical analysis of the pulse technique for measuring thermal diffusivity utilizing a pyroelectric detector. In: *Ferroelectrics* 11 (1976), Nr. 1, S. 315–319

[147] BARNS, R. L.; CARRUTHERS, J. R.: Lithium tantalate single crystal stoichiometry. In: *J. Appl. Cryst.* 3, Nr. 5, S. 395–399

[148] JUVALTA, F.; JAZBINSEK, M.; GÜNTER, P.; KITAMURA, K.: Electro-optical properties of near-stoichiometric and congruent lithium tantalate at ultraviolet wavelengths. In: *JOSA B* 23, Nr. 2, S. 276–281

[149] FURUKAWA, Y.; KITAMURA, K.; SUZUKI, E.; NIWA, K.: Stoichiometric LiTaO3 single crystal growth by double crucible Czochralski method using automatic powder supply system. In: *J. Cryst. Growth* 197, Nr. 4, S. 889–895

[150] KONTUR, F. J.; DAJANI, I.; LU, Y.; KNIZE, R. J.: Frequency-doubling of a CW fiber laser using PPKTP, PPMgSLT, and PPMgLN. In: *Opt. Express* 15, Nr. 20, S. 12882–12889

[151] LIU, S. T.; LONG, D.: Pyroelectric detectors and materials. In: *Proc. IEEE* 66, Nr. 1, S. 14–26

[152] KIM, S. H.; MULHOLLAND, G. W.; ZACHARIAH, M. R.: Density measurement of size selected multiwalled carbon nanotubes by mobility-mass characterization. In: *Carbon* 47, Nr. 5, S. 1297–1302

[153] PRADHAN, N. R.; DUAN, H.; LIANG, J.; IANNACCHIONE, G. S.: The specific heat and effective thermal conductivity of composites containing single-wall and multi-wall carbon nanotubes. In: *Nanotechnol.* 20 (2009), S. 245705

[154] ZINTH, W.; ZINTH, U.: *Optik*. 2., verbesserte Aufl. München: Oldenbourg Wissenschaftsverlag, 2009

[155] WILSON, S. J.; HUTLEY, M. C.: The optical properties of 'moth eye' antireflection surfaces. In: *J. Mod. Opt.* 29 (1982), Nr. 7, S. 993–1009

[156] RAYLEIGH, L.: On reflection of vibrations at the confines of two media between which the transition is gradual. In: *Proc. Lond. Math. Soc.* s1-11 (1879), Nr. 1, S. 51

[157] FINN, A.: *Einfluss einer periodischen Oberflächenstrukturierung auf die optischen Eigenschaften pyroelektrischer Infrarotsensoren*, Technische Universität Dresden, Diplomarbeit, 2009

[158] GRANN, E. B.; VARGA, M. G.; POMMET, D. A.: Optimal design for antireflective tapered two-dimensional subwavelength grating structures. In: *J. Opt. Soc. Am. A* 12 (1995), Nr. 2, S. 333–339

[159] SANCHO-PARRAMON, J.; JANICKI, V.: Effective medium theories for composite optical materials in spectral ranges of weak absorption. In: *J. Phys. D: Appl. Phys.* 41 (2008), S. 215304

[160] FINN, A.; SCHOSSIG, M.; NORKUS, V.; GERLACH, G.: Microstructured surfaces on $LiTaO_3$-based pyroelectric infrared detectors. In: *Sensors Journal, IEEE* 11 (2011), Nr. 10, S. 2204–2211

[161] SORGE, J. B.; BRETT, M. J.: Film morphology modification in ion-assisted glancing angle deposition. In: *Thin Solid Films* 519 (2010), S. 1356–1360

[162] ROBBIE, K.; SIT, J. C.; BRETT, M. J.: Advanced techniques for glancing angle deposition. In: *J. Vac. Sci. Technol. B* 16 (1998), S. 1115–1122

[163] ROBBIE, K.; BRETT, M. J.: Sculptured thin films and glancing angle deposition: Growth mechanics and applications. In: *J. Vac. Sci. Technol. A* 15 (1997), Nr. 3, S. 1460–1465

[164] ZHAO, Y. P.; YE, D. X.; WANG, G. C.; LU, T. M.: Designing nanostructures by glancing angle deposition. In: *Proc. SPIE* Bd. 5219 Citeseer, 2003, S. 59

[165] ROBBIE, K.; BEYDAGHYAN, G.; BROWN, T.; DEAN, C.; ADAMS, J.; BUZEA, C.: Ultrahigh vacuum glancing angle deposition system for thin films with controlled three-dimensional nanoscale structure. In: *Rev. Sci. Instr.* 75 (2004), Nr. 4, S. 1089–1097

[166] JENSEN, M. O.; BRETT, M. J.: Periodically structured glancing angle deposition thin films. In: *IEEE Transactions on Nanotechnology* 4 (2005), Nr. 2, S. 269–277

[167] Abelmann, L.; Lodder, C.: Oblique evaporation and surface diffusion. In: *Thin Solid Films* 305 (1997), Nr. 1-2, S. 1–21

[168] Raschke, G.; Kowarik, S.; Franzl, T.; Sönnichsen, C.; Klar, T. A.; Feldmann, J.; Nichtl, A.; Kurzinger, K.: Biomolecular recognition based on single gold nanoparticle light scattering. In: *Nano Letters* 3 (2003), Nr. 7, S. 935–938

[169] Stuart, D. A.; Haes, A. J.; Yonzon, C. R.; Hicks, E. M.; Van Duyne, R. P.: Biological applications of localised surface plasmonic phenomenae. In: *IEE Proc. Nanobiotechnol.* Bd. 152, 2005

[170] Schossig, M.; Lakatos, M.; Nocke, A.; Pompe, W.; Gerlach, G.: Fabrication of gold nanorods absorption layers for infrared sensors. In: *IEEE Proc. 2nd Electronics System-Integration Technology Conference (ESTC)*, 2008, S. 629–632

[171] Vollmer, M.; Kreibig, U.: Optical properties of metal clusters. In: *Springer Series in Material Science* Bd. 25. Heidelberg: Springer-Verlag, 1995

[172] Sharma, V.; Park, K.; Srinivasarao, M.: Colloidal dispersion of gold nanorods: Historical background, optical properties, seed-mediated synthesis, shape separation and self-assembly. In: *Mat. Sci. Eng. R* 65 (2009), S. 1–38

[173] Lazarides, A. A.; Schatz, G. C.: DNA-linked metal nanosphere materials: Structural basis for the optical properties. In: *J. Phys. Chem. B* 104 (2000), Nr. 3, S. 460–467

[174] Storhoff, J. J.; Lazarides, A. A.; Mucic, R. C.; Mirkin, C. A.; Letsinger, R. L.; Schatz, G. C.: What controls the optical properties of DNA-linked gold nanoparticle assemblies? In: *J. Am. Chem. Soc.* 122 (2000), Nr. 19, S. 4640–4650

[175] Mie, G.: Beiträge zur Optik trüber Medien, speziell kolloidaler Metallösungen. In: *Ann. Phys.* 25 (1908), Nr. 3, S. 377–445

[176] Gans, R.: Über die Form ultramikroskopischer Goldteilchen. In: *Ann. Phys.* 37 (1912), S. 881–900

[177] Yang, W. H.; Schatz, G. C.; Van Duyne, R. P.: Discrete dipole approximation for calculating extinction and Raman intensities for small particles with arbitrary shapes. In: *J. Chem. Phys.* 103 (1995), Nr. 3, S. 869–875

[178] Brioude, A.; Jiang, X. C.; Pileni, M. P.: Optical properties of gold nanorods: DDA simulations supported by experiments. In: *J. Phys. Chem. B* 109 (2005), Nr. 27, S. 13138–13142

[179] BOHREN, C. F.; HUFFMAN, D. R.: *Absorption and scattering of light by small particles.* New York: John Wiley & Sons, 1983

[180] JACKSON, J. D.: *Classical Electrodynamics, 3rd ed.* New York: John Wiley & Sons, 1999

[181] KERKER, M.: *The scattering of light and other electromagnetic radiation.* New York: Academic Press, 1969

[182] HULST, H. C.: *Light scattering by small particles.* New York: Dover Publications, 1981

[183] JAIN, P. K.; LEE, K. S.; EL-SAYED, I. H.; EL-SAYED, M. A.: Calculated absorption and scattering properties of gold nanoparticles of different size, shape, and composition: applications in biological imaging and biomedicine. In: *J. Phys. Chem. B* 110 (2006), Nr. 14, S. 7238–7248

[184] HUANG, X.; EL-SAYED, I. H.; QIAN, W.; EL-SAYED, M. A.: Cancer cell imaging and photothermal therapy in the near-infrared region by using gold nanorods. In: *J. Am. Chem. Soc.* 128 (2006), Nr. 6, S. 2115–2120

[185] JANA, N. R.; GEARHEART, L.; MURPHY, C. J.: Wet chemical synthesis of high aspect ratio cylindrical gold nanorods. In: *J. Phys. Chem. B* 105 (2001), Nr. 19, S. 4065–4067

[186] CHANG, S. S.; SHIH, C. W.; CHEN, C. D.; LAI, W. C.; WANG, C. R. C.: The shape transition of gold nanorods. In: *Langmuir* 15 (1999), Nr. 3, S. 701–709

[187] ESUMI, K.; MATSUHISA, K.; TORIGOE, K.: Preparation of rodlike gold particles by UV irradiation using cationic micelles as a template. In: *Langmuir* 11 (1995), Nr. 9, S. 3285–3287

[188] WU, H. Y.; CHU, H. C.; KUO, T. J.; KUO, C. L.; HUANG, M. H.: Seed-mediated synthesis of high aspect ratio gold nanorods with nitric acid. In: *Chem. Mat.* 17 (2005), Nr. 25, S. 6447–6451

[189] PINCHUK, A.; HILGER, A.; VON PLESSEN, G.; KREIBIG, U.: Substrate effect on the optical response of silver nanoparticles. In: *Nanotechnol.* 15 (2004), S. 1890

[190] KELLY, K. L.; CORONADO, E.; ZHAO, L. L.; SCHATZ, G. C.: The optical properties of metal nanoparticles: the influence of size, shape, and dielectric environment. In: *J. Phys. Chem. B* 107 (2003), Nr. 3, S. 668–677

[191] GLUODENIS, M.; FOSS JR., C. A.: The effect of mutual orientation on the spectra of metal nanoparticle rod-rod and rod-sphere pairs. In: *J. Phys. Chem. B* 106 (2002), Nr. 37, S. 9484–9489

[192] SCHOSSIG, M.; NORKUS, V.; GERLACH, G.: Broadband nickel-chromium thin-film absorber for thermal sensors. In: *Proc. Eurosensors XXII*, 2008, S. 873–876

[193] SCHOSSIG, M.; NORKUS, V.; GERLACH, G.: Infrared responsivity of pyroelectric detectors with nanostructured NiCr thin-film absorber. In: *Sensors Journal, IEEE* 10 (2010), Nr. 10, S. 1564–1565

[194] SCHOSSIG, M.; NORKUS, V.; GERLACH, G.: *Verfahren zur Erzeugung von Absorptionsschichten auf thermischen Strahlungssensoren.* Patentnummer DE 10 2008 007674 B3, 2008

[195] CRUZ-CABRERA, A. A.; BASILIO, L. I.; PETERS, D. W.; WENDT, J. R.; KEMME, S.A.; SAMORA, S.: Fabrication and testing of plasmonic optimized transmission and reflection coatings. In: *Proc. SPIE* Bd. 6883, 2008, S. 68830R

[196] TEPERIK, T. V.; ABAJO, F. J. d.; BORISOV, A.G.; ABDELSALAM, M.; BARTLETT, P.N.; SUGAWARA, Y.; BAUMBERG, J.J.: Omnidirectional absorption in nanostructured metal surfaces. In: *Nature Photonics* 2 (2008), Nr. 5, S. 299–301

[197] BIENER, G.; NIV, A.; KLEINER, V.; HASMAN, E.: Metallic subwavelength structures for a broadband infrared absorption control. In: *Opt. Letters* 32 (2007), Nr. 8, S. 994–996

[198] DATENBLATT NICKEL-CHROM 80/20: *http://www.goodfellow.com/A/Nickel-Chromium.html* (31.08.2011)

Liste der Veröffentlichungen

Aufsätze in Zeitschriften:

1. Finn, A.; Schossig, M.; Norkus, V.; Gerlach, G.: Microstructured surfaces on $LiTaO_3$-based pyroelectric infrared detectors. In: *Sensors Journal* 11 (2011), Nr. 10, S. 2204–2211

2. Schossig, M.; Norkus, V.; Gerlach, G.: Infrared responsivity of pyroelectric detectors with nanostructured NiCr thin-film absorber. In: *Sensors Journal* 10 (2010), Nr. 10, S. 1564–1565

3. Schossig, M.; Norkus, V.; Gerlach, G.: Hochdetektive pyroelektrische Infrarotsensoren auf der Basis von $LiTaO_3$. In: *Technisches Messen* 77 (2010), Nr. 6, S. 333–340

Aufsätze in Tagungsbänden:

1. Schossig, M.; Norkus, V.; Gerlach, G.: A pneumatic infrared detector with capacitive read-out circuit. In: *Proc. IRS², 12th International Conference and Exhibition on Infrared Sensors and Systems*, 2011, Nürnberg, Germany, S. 109–114

2. Schossig, M.; Norkus, V.; Gerlach, G.: High-performance pyroelectric infrared detectors. In: *Proc. IRS², 11th International Conference and Exhibition on Infrared Sensors and Systems*, 2009, Nürnberg, Germany, S. 191–196

3. Norkus, V.; Schossig, M.; Gerlach, G.: New pyroelectric detectors for pyrometry and security technique. In: *IEEE Proc. ICSICT, 9th International Conference on Solid-State and Integrated-Circuit Technology*, 2008, Beijing, China, S. 2379–2382

4. Schossig, M.; Norkus, V.; Gerlach, G.: Broadband nickel-chromium thin-film absorber for thermal sensors. In: *Proc. Eurosensors XXII*, 2008, Dresden, Germany, S. 873–876

5. Schossig, M.; Lakatos, M.; Nocke, A.; Pompe, W.; Gerlach, G.: Fabrication of gold nanorods absorption layers for infrared sensors. In: *IEEE Proc. ESTC, 2nd Electronics System-Integration Technology Conference*, 2008, London, UK, S. 629–632

6. Schossig, M.; Norkus, V.; Gerlach, G.: Determination of the direction of motion with dual-element sensors in passive infrared motion detectors. In: *Proc. AITA, 9th International Conference on Advanced Infrared Technology and Applications*, Leon, Mexico, 2007, S. 189–194

7. Schossig, M.; Norkus, V.; Gerlach, G.: Pyroelectric infrared sensors for motion detectors with direction identifycation capability. In: *Proc. 13th International SENSOR Conference*, 2007, Nürnberg, Germany, S. 313–318

Patente:

1. Schossig, M.; Norkus, V.; Gerlach, G.: *Verfahren zur Erzeugung von Absorptionsschichten auf thermischen Strahlungssensoren.* Internationale Patentanmeldung WO 2009 095004 A1, 2009

2. Querner, Y.; Norkus, V.; Schossig, M.; Gerlach, G.: *Pyroelektrischer Infrarotsensor mit strukturierter Absorptionsschicht.* Erteiltes Patent DE 10 2009 008249 B3, 2009

3. Schossig, M.; Norkus, V.; Gerlach, G.: *Verfahren zur Erzeugung von Absorptionsschichten auf thermischen Strahlungssensoren.* Erteiltes Patent DE 10 2008 007674 B3, 2008

4. Schossig, M.; Norkus, V.; Gerlach, G.: *Richtungsempfindlicher pyroelektrischer Infrarotsensor mit zackenförmiger Elektrodenstruktur.* Erteiltes Patent DE 10 2006 057973 A1, 2006

5. Nocke, A.; Schossig, M.; Norkus, V.; Gerlach, G.: *Richtungsempfindlicher pyroelektrischer Infrarotsensor mit sichelförmiger Elektrodenstruktur.* Erteiltes Patent DE 10 2006 057974 A1, 2006

6. Norkus, V.; Schossig, M.; Gerlach, G.: *Richtungsempfindlicher pyroelektrischer Infrarotsensor mit kammförmiger Elektrodenstruktur.* Erteiltes Patent DE 10 2006 057972 A1, 2006

Buchbeitrag:

1. Schossig, M.: *Optical absorption layers for infrared radiation.* In: Gerlach, G.; Wolter K.-J. (Hg.): Bio– and Nanopackaging Techniques for Electron Devices – Advances in Electronic Device Packaging, Kapitel 18, Heidelberg: Springer-Verlag, 2012

Lebenslauf

Persönliche Daten

Name:	Marco Schossig
Geburtsdatum:	24. April 1980
Geburtsort:	Pirna
Familienstand:	Verheiratet

Studium

10/00 - 08/06	Technische Universität Dresden, Studium Informationssystemtechnik mit den Vertiefungsrichtungen Mikroelektronik und Technische Informatik, Abschluss als Diplom-Ingenieur
11/05 - 08/06	Diplomarbeit am Institut für Festkörperelektronik der TU Dresden, Thema: „Pyroelektrische Infrarotsensoren für Bewegungsmelder“

Beruflicher Werdegang

10/06 - 03/10	Stipendiat des Graduiertenkollegs „Nano- und Biotechniken für das Packaging elektronischer Systeme“
seit 05/07	Promotionsbegleitender Studiengang an der TU Dresden, Fakultät Elektrotechnik und Informationstechnik, Promotionsthema: „Ultradünne, freitragende Lithiumtantalat-Elemente für hochdetektive Infrarotsensoren“
seit 04/10	Wissenschaftlicher Mitarbeiter am Institut für Festkörperelektronik der TU Dresden